飛ぶ力学

加藤寛一郎
KATO Kanichiro

東京大学出版会

Dynamics for Flying
Kanichiro KATO
University of Tokyo Press, 2012
ISBN978-4-13-063812-8

はじめに

飛行力学。空を飛ぶものの力学を、こういいます。私は、飛行力学の最も肝心な点を、この1冊に纏めました。その最後に、操縦する人間の極限能力の話を加えました。

この本は、9つの章からなり、9つの設問に答える形になっています。章の題名が設問です。そこには、内容を括《くく》る専門用語も示しました。ご参考までに。

第1章と第2章は、風見安定、すなわち飛行機の機首が進行方向を向く性質、についての話です。これがすべての安定の基本です。

第3章と第4章は、流れの本質は何で決まるか、という話です。ゴルフボールや野球ボールは、流れの性質を巧みに利用しています。

第5章は、大きさの影響について、の話です。皆さんは空飛ぶ恐竜プテラノドンの重量を知って、驚かれるはずです。

第6章は、操縦の本質は何か、という話です。気流と胴体、あるいは気流と主翼のなす角を、常に厳格に制御する。これが、宙を飛ぶ基本です。

第7章は、自在に空を飛ぶとはどういうことか、についての話です。急激に経路を曲げるには、驚くほど巨大な推力が要ります。

第8章は、ヘリコプターの本質は何か、という話です。ローターとプロペラの決定的な違いを、知っていただきたいと思います。

第9章は、優れた操縦に共通点があるか、という話です。危機に瀕した操縦名人の、驚異のエピソード集です。

私は、やさしく楽しい本を書きたいと思いました。そのため読者を前にして、直接お話しさせていただく。そういう立場で、この本を書きました。言うなればこの本は、私の講演原稿そのものです。講演で私は、400字詰め原稿用紙を使います。そして話し易くするため、2枚に1ヵ所くらいの間隔で、小見出しを入れます。本文中には、その小見出しも残しました。あったほうが、皆さんも読みやすいと思ったからです。

図版の多くはかつての同僚、現在東京大学大学院助教の柄沢研治氏が描いてくださったものを、再使用させていただいています。

東京大学出版会は、出版を快く引き受けてくださいました。この本を書く機会を賜った小松美加氏に、編集作業でお世話になった岸純青氏に、心よりお礼申し上げます。

2012年5月

著者

飛ぶ力学　目次

はじめに

第1章　実機と紙ヒコーキはどこが違うか
——重心と静安定

弓で矢を飛ばす

弓で矢を飛ばす話から始めたいと思います。これは飛行の中で、最も単純な飛行といえるでしょう。これからお話しすることは、私の体験に基づいています。

35年以上昔のことです。帰宅すると、子供たちの状態が異常でした。意気消沈し、目も虚ろでした。飼い始めた小鳥が、野良猫にやられたというのです。

猫の襲撃は、その後も続きました。私は弓と矢を作って、与えました。元気づけるには、対抗する手段を与えるのがよい、と考えたからです。いま同じことをすると、動物虐待でお叱りを受けますね。

私は子供のころ、近所の餓鬼大将から、弓矢の作り方を習いました。当時、矢は葦の茎で作りました。弓を作る乾いた太い竹も、ふんだんにありました。昨今、同じ材料は手に入りません。あのとき私は、現代風の弓と矢を工夫して作りました。以下にそれを、皆さんに伝授します。

弓は、剣道の練習に使う竹刀を使うとよいです。これに凧糸で弦を張れば、立派な弓になります。矢は模型店に行って、丸棒を買います。樫の丸棒で、直径5ミリほどのものがよいでしょう。

その後、矢を射ってみて、感ずるところがありました。そこには、飛行力学の神髄がありました。それを、大学の講義でも実演して見せました。その様子を、ここで再現します。

まず、丸棒のままの矢を、射ってみます。すると、真っ直ぐ飛ばないことがわかります。矢はぐるぐる回転しながら、飛んでゆきます。矢の先が、風上を向いて飛びません。

矢の先が風上を向く性質を、風見安定と言います。例えば風向計は、常に風上を向きますね。

風向計に風見安定があるのは、後方についている羽の効果です。飛行機の後尾にも、類似の役目をする羽——垂直尾翼と水平尾翼——がついています。

風見安定と重心

風向計や飛行機に似せて、丸棒の後ろに羽をつけてみます。例えば名刺を縦割りに半分に切り、棒の後ろに接着します。これで射ってみます。

驚くべきことに、風見安定はほとんど改善されません。なぜか。それは重心位置が、丸棒のほぼ中央にあるからです（図1・1）。

重力の合力が作用する点を重心といいます。丸棒の中央部を下から指で支えると、棒が水平に釣り合う位置があります。そこが重心です。

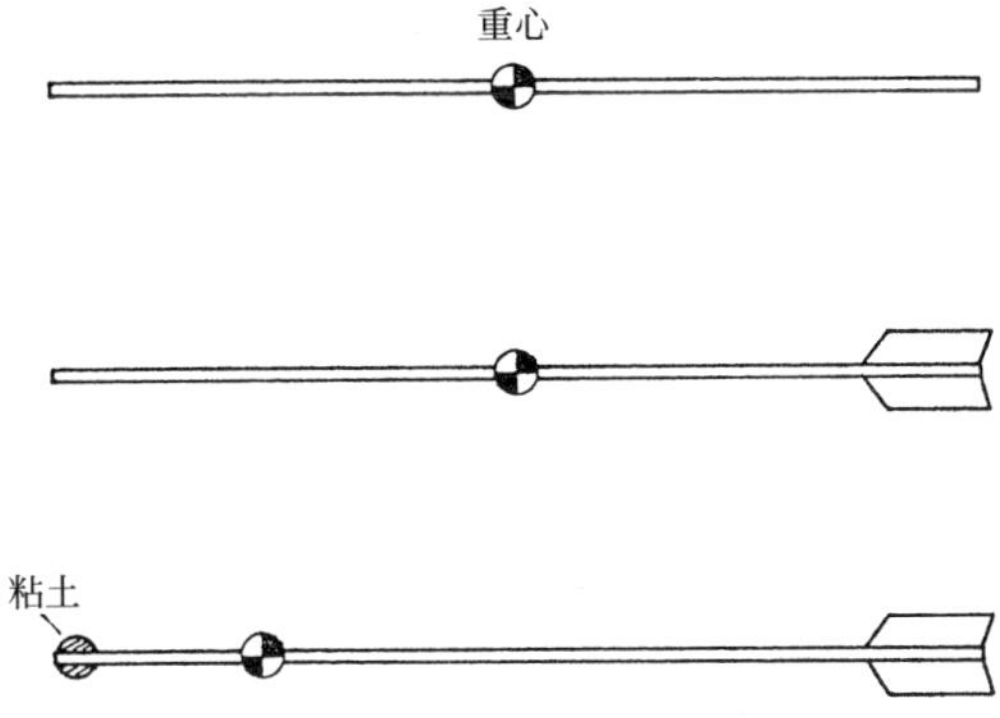

図1.1　樫の丸棒でつくった矢と重心

羽をつけても、横から見た羽の面積は、棒の横面積に比べ、たいして大きくありません。この程度の効果では、強い風見安定は生じません。

もっと効果的なのは、重心位置を前方に動かすことです。棒の先端に錘《おもり》をつけてみます。錘としては、粘土をつけるのが簡単です。粘土が嫌な方には、太めの針金を巻くことをお勧めします。電磁石を作るときなどに使うエナメル線の、太いのがよいです。

こうして先を重くし、重心を前に移します。すると、今度は真っ直ぐに飛びます。後ろの羽をとってすら、よく飛ぶことがわかります。風見安定にとって重心位置は、このように重要です。

少し捕捉させていただきます。実は矢の話は、重心が前方の方が飛行が安定であることを強調するためのものです。本物の矢は少し違います。以下は、東京大学弓術部（本多流）の部員から聞いた話です。

弓術部の使う矢は長さ1メートル、直径8ミリのジュラルミン製パイプでした。重さは30グラム、驚いたことに、重心はほぼ中央でした。実際、風見安定はほとんど無いらしく、矢は手から離れた姿勢のままで飛んでゆくそうです。姿勢を乱さないで飛ばす（放す）のが、技量のようです。

ただし羽がないと（棒矢）、姿勢が乱れてうまく飛ばないそうです。後ろの羽はわずかに捩《ねじ》れていて、これで矢にねじり回転（スピン）を与えるそうです。ジュラルミンが使われ出したのは戦後のことで、昔の矢は竹で作られ、竹の矢のほうが軽いそうです。

航空機の重心位置

皆さんは、模型飛行機を作られたことがあると思います。ゴム動力機でも紙ヒコーキでもよいです。重心位置に注意されたことが、おありでしょうか。

多くの模型飛行機の重心位置は、翼の前縁から後方に測って、翼弦の20〜30%くらいのところにあります。翼弦とは、翼の前・後縁の間の長さのことです。翼の上面を弓竹の湾曲と見たとき、弦《つる》に相当する長さです。

私がゴム動力機を飛ばし始めたのは、小学校三年生のときです。最初全く飛びませんでした。しかしある日、担任の先生から、模型飛行機作りの秘訣を教えられました。

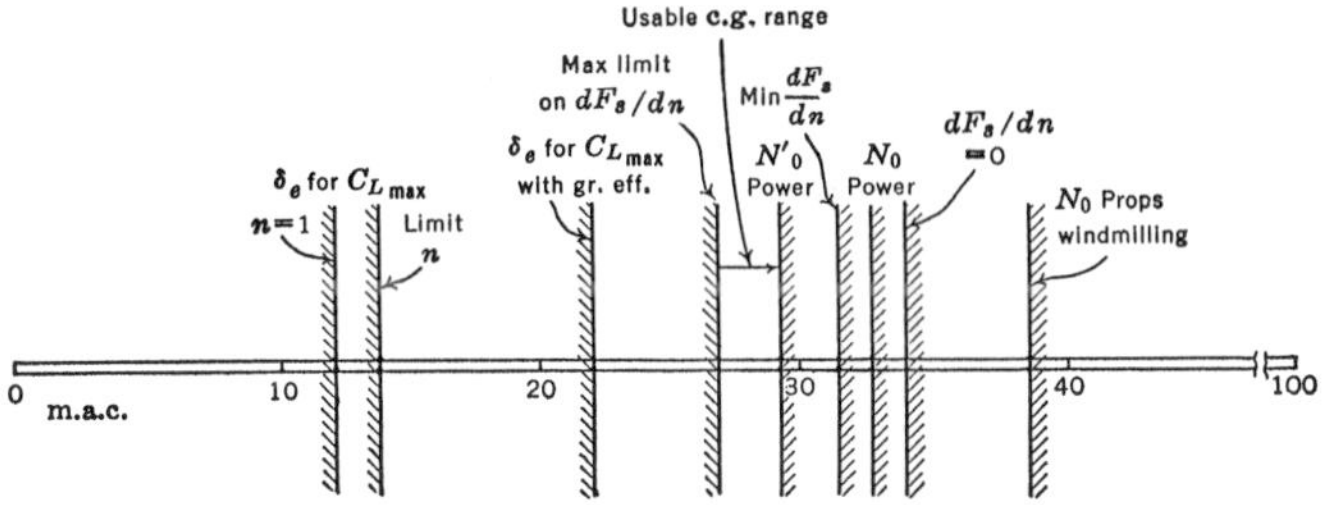

図 1.2 パーキンス・ヘーグの教科書に示された重心許容範囲（文献 1）.

「胴体と主翼は別々に作る。そして組み立てるとき、全体の重心を、主翼付け根で前縁から30％にする」

以後私のゴム動力機は、私が住んでいた東京郊外の片田舎では、一頭地を抜く存在になりました。

大学の航空学科に進学し、憧れの先生から飛行力学を習いました。教科書はパーキンスとヘーグの名著『航空機の性能、安定性、操縦性』（文献1）でした。著者は米国プリンストン大学の教授とボーイング社の設計者で、出版は1949年でした。

数値例は、第二次世界大戦の戦闘機から多くとられていました。その中で重心位置は、各種の条件を考慮すると最終的には、「代表的翼弦の27〜29％に制限される」ことが述べられていました。

図1・2が、重心位置の制限を示す図です。Usable c.g. range と書かれたのが、最終的な重心許容範囲です。左端に書かれた m.a.c. とは mean aerodynamic chord の略で、専門的には平均空力翼弦と訳します。私はそれを代表的翼弦と言いかえて使っています。

航空関係者の多くは、航空機の重心位置は、代表的翼弦の25〜

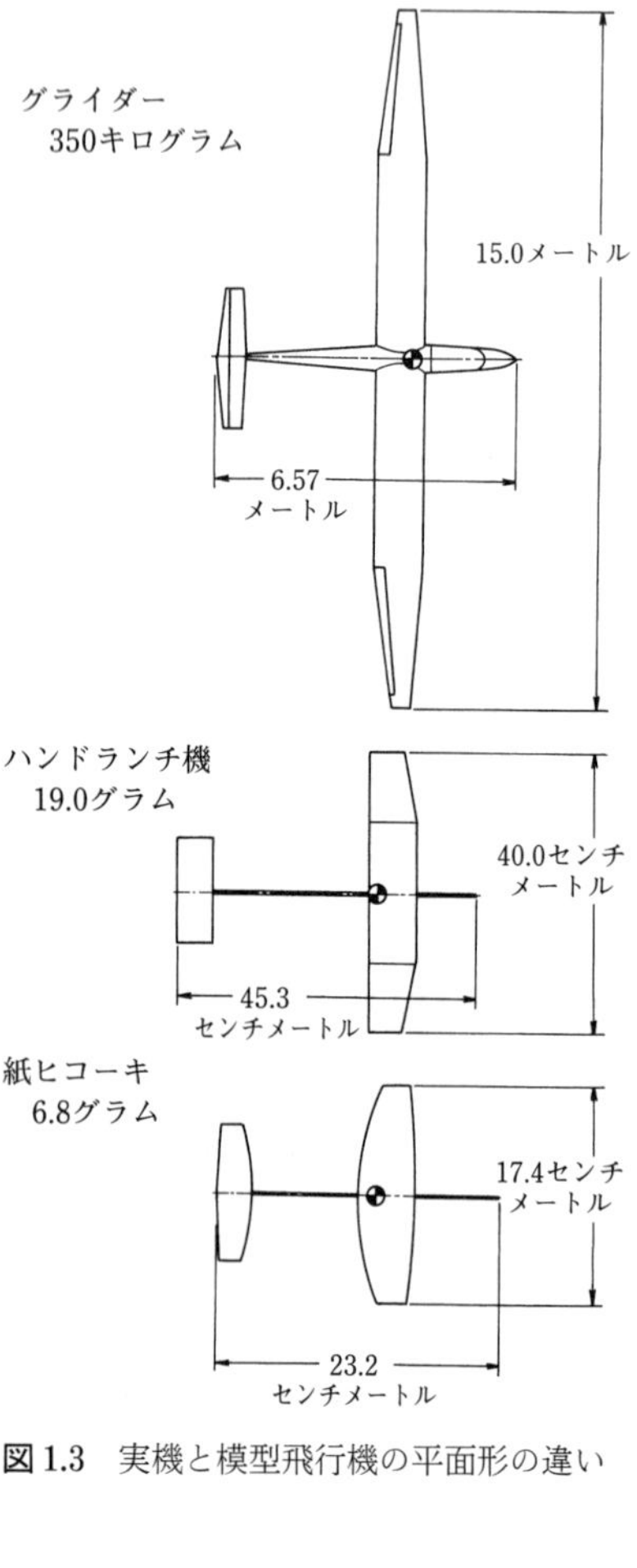

図 1.3　実機と模型飛行機の平面形の違い

30％にあると考えています。私自身も、長くそう考えていました。

しかしその後、ハンドランチと称する手投げの模型機（滑空競技機）を作ったとき、私は一驚を喫しました。設計図に指定された重心位置が、通常の航空機の常識より遙かに後退していたからです。

三つの滑空機

図1・3を見てください。ここには三つの滑空機の平面図が描かれています。上は実物のグライダー、中央はハンドランチ機、下は紙ヒコーキです。

大きさは、上から順に、翼幅が15メートル、40センチ、17・4センチ、質量はそれぞれ、350キログラム、19グラム、6・8グラムです。それぞれの写真を図1・4に示します。

グライダーはNIPPI PILATUS B4、東京大学航空部の使用機の一つでした。

ハンドランチ機は、山森喜進さん設計の「へらさぎ」です（文献2）。私はこの機を制作、飛行させた経験があります。よく飛ぶことを確認しています。

紙ヒコーキは、二宮康明さん設計です。商品名「ホワイトウィングス」で販売されているものの1機で、二宮さん推薦の機体です。

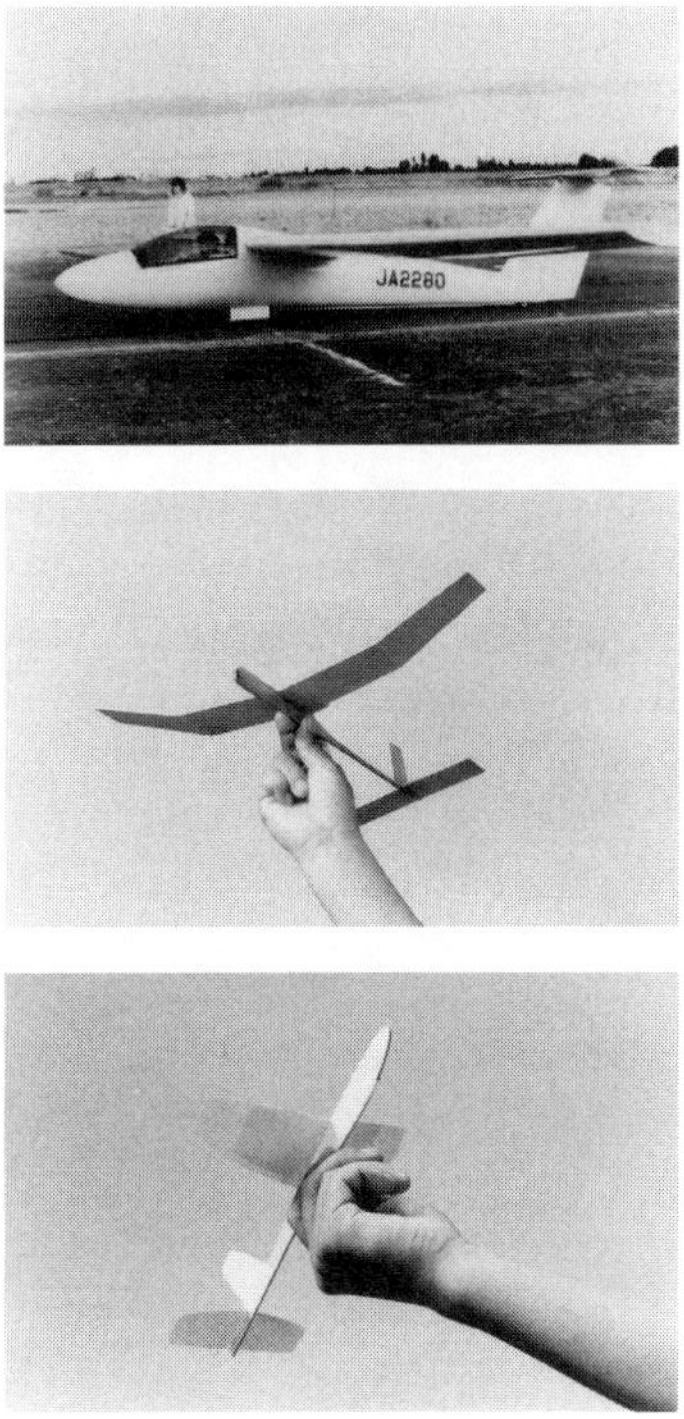

図1.4　3種の滑空機．上からNIPPI PILATUS B4，山森喜進設計ハンドランチ機，二宮康明設計紙ヒコーキ．

三つの平面形を見て、それが空を飛ぶものであることは、すぐわかります。プロペラはありませんが、飛行機らしい形をしています。

経験1年、滑空1分

実物のグライダーは、通常ウインチとよばれる装置で空に上げます。これが長いロープをドラムに巻き取り、グライダーを引っ張ります。ここは、ちょっと凧に似ています。ある高度に達すると、パイロットがロープを切り放し、滑空に移ります。

ハンドランチ機はバルサ（非常に軽い木材）製です。手投げで飛ばし、滞空時間を競います。投げる様は、野球のピッチャーのようです。ワインドアップし、足を高く上げて全力で投げます。投げられた瞬間、機体はビュンと唸りを上げて上昇してゆきます。

紙ヒコーキはケント紙などで作ります。翼や胴体は（特に翼根部は補強をかねて）数枚貼り合わせて作ります。ゴムパチンコで打ち出したり、ハンドランチ機のように手で投げたりして、滑空時間を競います。

ハンドランチ機も紙ヒコーキも、滑空時間は1分ほどです。ただし誰もが、すぐ1分飛ばせるわけではありません。一生懸命1年ぐらい経験を積むと、1分程度飛ぶようになります。

非常識な重心位置

三つの飛行機の平面図を見て、専門家なら「あっ」と驚く箇所があります。それは重心位置の違いです。

重心位置は、丸印の中を白と黒に塗った記号で示されています。ここが、機体各部に働く重力の合力の作用点です。機体の全質量が、集中的にここに集まっていると考えてよい点です。

実機の場合、重心位置は翼弦の前のほうにあります。これに対し模型機では、重心位置は翼弦の後ろのほうにあります。この図の例だと、実物のグライダーの重心位置は、翼弦の25％近辺にあります。これに対し模型機では、翼弦長の90％近くにあります。

これがどのくらい衝撃的か。部外者にはおわかりいただけないと思います。私の体験を聞いてください。

東京大学航空学科では、卒業する学生に飛行機を1機、設計することを義務づけています。卒業設計といいます。その試問の際、重心位置は重要なチェックポイントの一つです。

ほとんどの学生は、重心位置を翼弦の25％前後に設計します。しかし時には、設計の講義を聞かずに、妙な位置に重心を持ってくる学生もいます。ある年の試問で、そういう学生が現れました。私が慰めました。

「模型飛行機では、90％ぐらいのこともあるよ」

設計担当の教授は、見る見る顔を朱に染めました。彼は大声で、私を一喝しました。

「そんなの、飛ぶわけがない！」

専門家の常識とは、この程度のものです。通常の飛行機は、そんな後方重心では、絶対に飛べません。航空学科の教官たちには、90％は、「非常識」きわまりない重心位置なのです。

大きな水平尾翼

いま我が国の航空機設計者に、

「よく飛ぶ模型飛行機の重心位置は、翼弦の90％くらいのところにある」

と言っても、まず信じてもらえません。しかし模型飛行機の専門家たちは、遙か昔から、それを実行しています。これは彼らにとって「常識」なのです。

実機と模型機で、なぜこれほどの違いがあるのでしょうか。その理由を、これから説明したいと思います。実はここは、飛行力学の根幹がかかわるところです。

実は重心位置は、水平尾翼の大きさに強くかかわっています。改めて図1・3を見てください。水平尾翼が実機は小さく、模型飛行機は大きいですね。

もう少し正確に言うと、主翼の面積に対する水平尾翼の面積の比が、実機では小さく、模型機では異常に大きいのです。私は「異常に」と言いました。これは、いわゆる飛行機屋の感覚です。実物の飛行機に慣れた人が見ると、模型機の水平尾翼は、異様に大きいのです。

かつてこの問題を真剣に考えたころ、私は五〇代の後半でした。ある年の正月三が日、屠蘇気分の私は我が国航空3社の設計者に、電話をかけまくりました。そして彼らに、尾翼の設計思想について尋ねました。答は概ねこうでした。

「水平尾翼は不要な重量増加を招く。我々はできる限り小さく設計する」

滑空における力の釣合

紙ヒコーキでは、主翼、尾翼の揚力と、重心に働く重力が釣り合って飛びます。揚力とは、気流に対し垂直方向に発生する空気力をいいます。ちなみに気流と平行方向に発生する空気力は、抗力あるいは抵抗といいます。

これから紙ヒコーキの滑空における力の釣合を考えます。滑空では、揚力のほうが圧倒的に大きいです。以下では、空気力は揚力だけを考えることにします。

また紙ヒコーキはほぼ水平飛行し、胴体もほぼ水平になっているとします。このため主翼と尾翼の揚力は垂直上向きに働き、これが重力と釣り合って飛ぶと考えます。

釣合を考えるときには、力の作用点が重要です。重力は重心に働きます。では、揚力はどこに働くのでしょうか。

揚力の作用点は、翼弦の25％付近です。ここを専門家は、「翼の空力中心」とよびます。「空力中心」とは、空気の圧力が一点に集中して働くと考えてよい点です。

天秤棒の釣合

これから飛行中の主翼と尾翼に、どのような揚力が発生しているか考えます。あるいは、どのように揚力を発生させれば飛行が可能か、考えます。そのために、架空の実験に入ります。

皆さんは、翼の取付け角を空中で、自由に変えることができるとします。揚力は翼面積に比例して発生します。また、取付け角にも比例して発生します。したがって皆さんは、主翼と尾翼に自由に、揚力を「積む」ことができます。

積むとは、「発生させる」ことを気取って言ったものです。後で揚力を荷の重さに喩えます。そのため敢えて、この表現を使いました。

さて皆さんが、主翼と尾翼に自由に揚力を積めるとき、飛行はどうなるのでしょうか。結論を先に書きます。

「主翼と尾翼に積める揚力は、重量と重心位置が決まっていると、一通りしかない」

これは、いわゆる「天秤棒の釣合」と同じものです。天秤棒をご存知ですね。両端に荷をかけ、中央を肩に当てて荷う棒のことです。

天秤棒の釣合を、図1・5に示します。力が釣り合うとは、「力の合計がゼロになること」および「ある点まわりのモーメント（力×距離）の合計がゼロになること」の二つです。

天秤棒を担ぐには、片方の荷の目方が増すと、支点（担ぐ点、図の△印）をそちらに寄せることが必要になります。それは、支点まわりのモーメントの合計をゼロにするためです。

このとき、両方の荷の目方が肩に加わります。この力は、肩が棒を支える力で相殺されます。こうして、天秤棒に働く力の合計がゼロになります。

主翼と尾翼の揚力

紙ヒコーキの胴体でも同じことが起きます。胴体を天秤棒と思ってください。天秤棒を肩で支える部分が重心です。ここに重力が下向きに働いています。

主翼と尾翼に働く揚力は、天秤棒の両端の荷の重さに相当します。ただし、これらは上向きに働

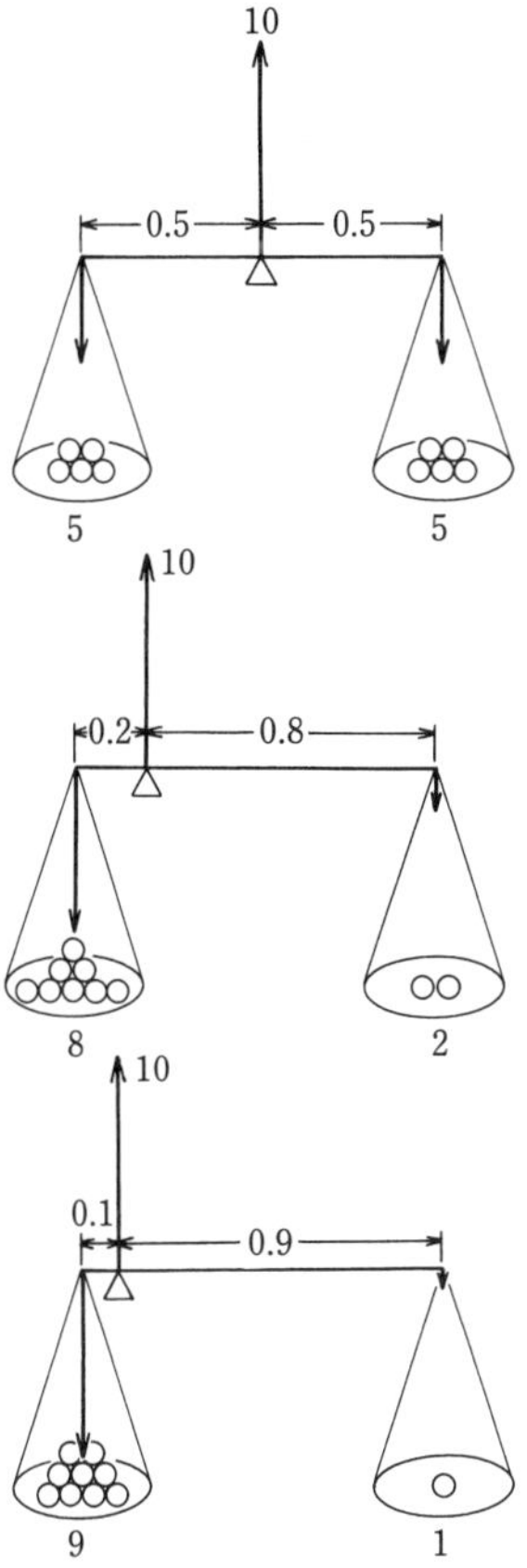

図 1.5　天秤棒の釣合

いています。というわけで、三つの力は、天秤棒の場合とは逆になっています。

そのときの釣合の様子を図1・6に示します。二つの揚力の大きさは、滑車を使って、重さとして表されています（a）。

もし重心位置が、二つの翼の（空力中心の）中央にあれば、主翼と尾翼の揚力は同じでなければなりません（b）。

実際には、このようなことが常に可能ではありません。小さい尾翼に大きな揚力を積もうとして、尾翼取付け角を大きくしていくと、どこかで流れが翼から剥離してしまいます（これを失速といいます）。ここではそのようなことは起きないとしています。架空の実験である所以《ゆえん》です。

さて重心が前方に移動すると、主翼揚力は大きくなります（c）。そして重心が主翼の空力中心（揚力の作用点）に達すると、主翼揚力と重力とが等しくなります（d）。このとき尾翼揚力はゼロでなければなりません。さらに重心が主翼より前に位置すると、主翼揚力は重量より大きくなります。このとき、尾翼揚力は下向きでなければなりません（e）。

このように主翼と尾翼が分担する揚力は、重心位置が決まると、自動的に決まってしまいます。これ以外の揚力の分担では、飛行できません。この点が重要です。

仮に揚力分担が図1・6と異なると、どうなるでしょうか。そのときは機首上げか機首下げの回転が起こり、飛行が不可能になります。

どの飛び方を選ぶか

図1・3で、模型飛行機と実物のグライダーを比較しました。このとき実機のほうが、重心が前方にあることをお話ししました。実際、現在飛んでいる多くの飛行機では、重心は主翼の空力中心

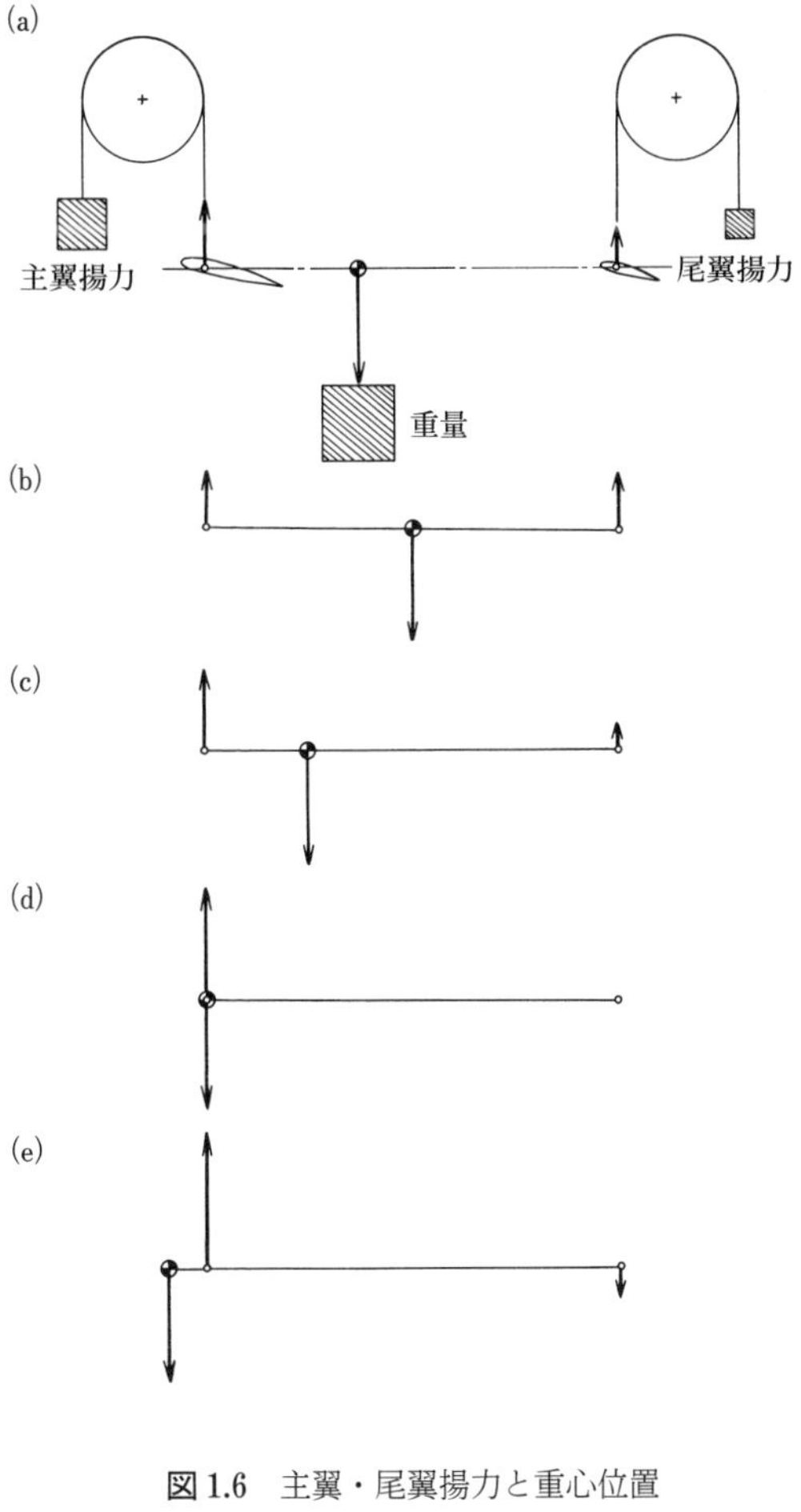

図1.6　主翼・尾翼揚力と重心位置

（翼弦の25％付近）より前にあることが多いです。

このとき、尾翼の揚力は下向きになります。これをダウン・リフトなどといいます。

これは、ちょっと効率の悪い飛び方ですね。空を飛ぶのに、飛行機の一部が下向きの力を発生させているからです。飛行機設計者が重量軽減に、死に物狂いの努力をしているのにも拘わらずです。

一方模型飛行機では、重心が後方にあります。模型飛行機の場合、水平尾翼は上向きの揚力を出して飛んでいます。このほうが合理的に見えますね。

なぜ、このような違いがあるのでしょうか。当然、何か理由があるはずです。飛行機をよくする、あるいは効率よく飛ばすという観点からは、一体どちらが正しいのでしょうか。

皆さん、もう一度図1・6の、重心位置と主翼、尾翼揚力の関係を見てください。

力の釣合という観点からは、このどれもが釣合条件を満たしています。

もし皆さんが飛行機設計者であったら、どの飛び方（主翼と尾翼の揚力の積み方）を選ばれますか。また、そうする理由を、どう説明されますか。

飛行の力学ではそれを、安定とか安定性という概念に結びつけて説明します。

工学の世界では、釣合と安定は、不即不離の関係にあります。ここまでは釣合の話でした。ここから少し、安定の話をさせていただきます。

卵の釣合

卵を机の上に置いてみましょう（図1・7）。単に、転がらないように置きます。ごらんのように、卵は傾いた状態で静止します（図1・7の上）。

ちなみに写真の卵は、アクリル樹脂を工作機械で削ったもので、直径20センチほどの巨大卵です。私が大学の講義のとき、卵を立てる実験に使用したものです。

図 1.7　卵の釣合．釣合状態が安定な場合（上）と不安定な場合（下）．

傾いて止まった卵は、「釣合」状態にあります。すなわち卵に働いている「力の合計がゼロ」になり、ある点（どの点でもよい）まわりの「モーメント（力×距離）の合計がゼロ」になっています。

卵に働く力は、卵の重心に作用する下向きの力（重力）と、卵が机から受ける上向きの力です。この二つの力は、大きさが等しく方向が反対です（作用・反作用の法則）。それぞれは、同一直線上に作用しあっています。

この場合同一直線とは、重心を通る鉛直な線です。したがって卵に働く力の合計はゼロとなり、モーメントの合計もゼロとなります。

2種類の釣合

しかし、別の状態で卵を釣り合わせることもできます。例えば、卵を立てた状態で釣り合わせることもできます（図1・7の下）。

卵を立てるには、卵の重い部分が下にくる場合と上にくる場合の、二通りが可能です。実際本物の卵でも、根気よく行えば、ほとんどの卵を立てることができます。

立てた状態の卵でも、釣合の条件は満たされています。すなわち、卵に働く重力と机から受ける上向きの力は、合計がゼロでモーメントの合計もゼロです。

しかしこの状態の卵は、ほんのちょっとした乱れで、倒れてしまいます。例えば、ちょっと横に力を加えると、倒れます。近くを通った人が起こす振動や空気の乱れで、倒れることもあります。このように直立した卵は、釣合状態が安定でありません。

それに比べ斜めに傾いて止まった卵は、例え横から力を加えても、再びもとの状態に戻ります。横に傾いて止まった卵は、釣合状態が安定です。

このように同じ釣合状態でも、それが安定な場合と不安定な場合の、2種類があります。安定な場合は、釣合状態を少し乱しても、もとの状態に向かいます。不安定な場合は、状態を少し乱すと、乱れがますます大きくなり、もとの状態には戻れません。

静安定

一般に釣合状態には、2種類あります。

釣合を少し乱したとき、それによって発生する力やモーメントが、もとの釣合状態に戻すように働く場合と、乱れをますます大きくするように働く場合の、2種類です。前者を静的に安定な釣合、後者を静的に不安定な釣合といいます。

卵が斜めに傾いて止まった状態は、静的に安定な釣合です。卵が直立した状態は、静的に不安定な釣合です。

「静的」とは、「動的」に対する言葉です。安定についていう場合、静的な安定のほうが、動的な安定より条件は緩くなります。

静的な安定とは、乱れによって起こる運動が、釣合状態の方向に向かうだけでよいのです。これに対し動的な安定とは、もとの（または別の）釣合状態に戻ることまでが要求されます。

例えば、卵を、大きな球（ボーリングのボールを想像してください）の上に置いたとします。卵は、斜めに傾いた釣合状態にあるとします。

卵を小さく乱すと、卵は最初、もとの釣合状態に戻ろうとします。この卵の釣合は、静的に安定です。しかし、球の上の釣合状態には戻れず、いずれ球上から転がり落ちます。すなわち、この釣合は動的には安定でありません。

静的に安定な状態を、単に「静安定がある」ということがあります。また静的に不安定な状態を、「静安定がない」「静的に不安定である」ということがあります。

静的な安定は、安定に関する要求の中で、最も素朴かつ基本的なものです。

重心位置と揚力分担

これだけの知識をもとに、先ほどの問題を改めて考えましょう。皆さんが設計者なら、主翼と尾翼に揚力をどう分担させますか。

すでにご説明したように、飛行機の主翼と尾翼に働く揚力の配分は、重心位置によって決まります。もう一度復習しましょう。図1・8を見てください。

飛行機の重心が主翼揚力の発生点（空力中心）の真下にあると、主翼揚力と重力の大きさが一致します。このとき水平尾翼の揚力はゼロです。そうでないと、力の釣合は成立しません。

重心がこれより後方にあると、主翼も尾翼も上向きの揚力を発生させて釣り合います。このとき主翼揚力は、重力（すなわち機体重量）より小さくなります。

また重心が主翼揚力の発生点（空力中心）より前方にあると、主翼揚力は重量より大きくなります。また水平尾翼には、下向きの揚力が発生しなければなりません。

このように重心位置が変化すると、主翼と尾翼の揚力分担は、いろいろと変化します。このように力の釣合状態だけを考えると、主翼と尾翼の揚力分担には、いろいろな場合（飛行状態）が考えられます。

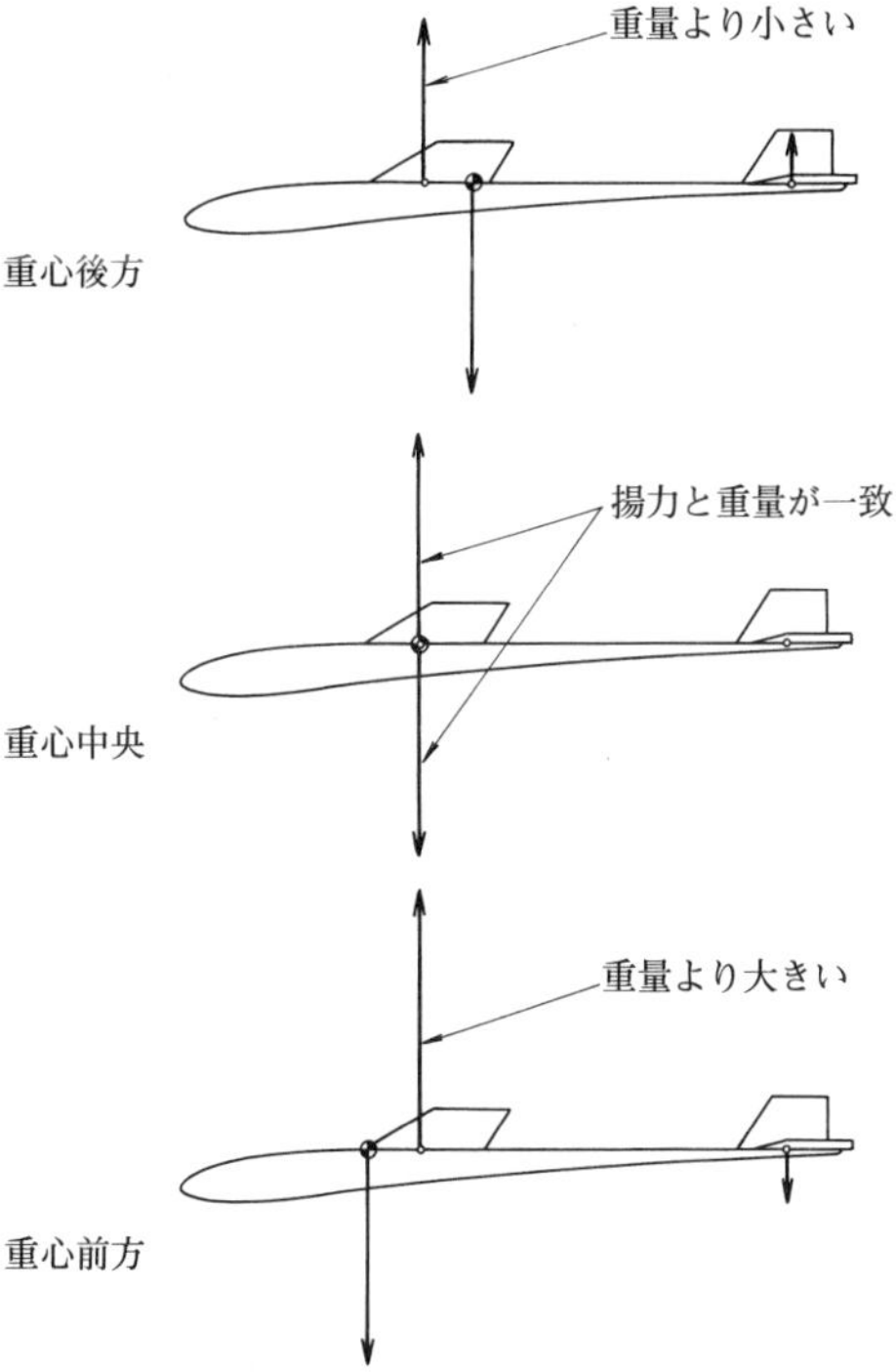

図 1.8　重心位置と揚力分担．重心が前方に移動するにつれ，主翼揚力は増え，尾翼揚力は減る．

しかし卵の実験からわかるように、飛んでいる飛行機に働いている力は、少なくとも静的に安定な釣合状態にあるはずです。

飛行機は飛んでいるとき、例えば風によって乱されます。そのとき放っておいても、もとの釣合状態に戻ろうとする性質がないと、よい飛行機とはいえません。少なくとも模型飛行機の場合は、墜落してしまいます。

模型飛行機が飛び続けているということは、その飛行機が静的に安定な状態にある証拠です。そのためには、どのような条件が必要でしょうか。

姿勢変化と揚力変化

いま、飛行機が釣り合って飛んでいるとします。ある重心位置が与えられ、そのときの主翼揚力と尾翼揚力が、天秤棒の釣合を満たしているとします。

このとき主翼、尾翼の揚力と重力の合計はゼロになっていて、二つの揚力と重力の作るモーメントの合計もゼロになっています。

モーメントは、どの点まわりで考えてもよいです。一点でゼロになれば、他のどの点まわりで計算してもゼロになります。ご心配の方は、図1・5で確認してください。

さてこの状態から、飛行機が何らかの理由で、機首を上げたとします。すると主翼も尾翼も、気流となす角度（専門家は迎角〈げいかく、あるいは、むかえかく〉といいます）が増えます。

したがって、それぞれの揚力が増加します。その増加分をΔL_W、ΔL_tとしましょう。図1・9を見てください。Lはリフト（揚力）の頭文字、Wとtはウィング（主翼）とテイル（尾翼）を表す添字です。Δをつけたのは、変化分を強調するためです。

機首上げでは、ΔL_WもΔL_tも、ともに増加します。ここは重要なので、もう一度繰り返します。重心位置によって、尾翼揚力は上向きの場合も下向きの場合もあります。しかしその状態から機首を上げると、主翼揚力も尾翼揚力も、ともに上向きに増加します。この増加分が、ΔL_W、ΔL_tです。

ΔL_W、ΔL_tは、釣合状態（あるいは重心位置）に無関係であることに注意しましょう。

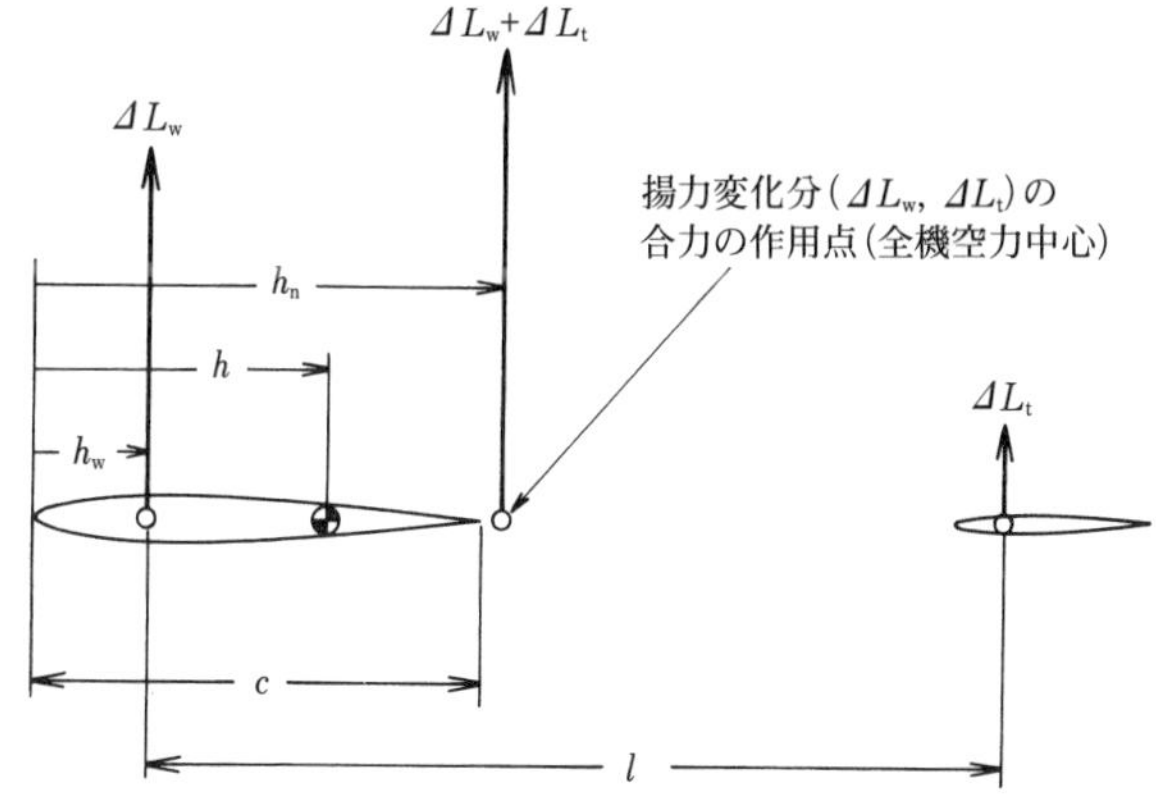

図 1.9　揚力変化とその作用点．主翼，尾翼の揚力変化分が，主翼前縁から距離 h_n の点に働くと考える．

揚力変化の作用点、全機空力中心

二つの揚力の増加分は、機体の釣合を乱します。その影響を調べるために、この増加分だけを取り出して考えています。増加分の作用点と重心位置の関係も、図1・9に示されています。

主翼揚力の増加分ΔL_Wは、主翼の空力中心に働きます。その位置は、主翼前縁から測ってh_Wの位置にあります。翼弦の長さをcとすると、$h_W／c$は0・25です。

尾翼揚力ΔL_tは、尾翼の空力中心に働きます。尾翼空力中心は、主翼空力中心の後方lの位置にあります。

さて、二つの揚力の変化分ΔL_{W}、ΔL_{t}の合力は、どこに働くでしょうか。

その合力の作用点は、主翼前縁から後方に測って、h_{n}の位置にあるとします。nは、ニュートラル（中立）を表す添字です。ニュートラルは、安定と不安定の境界（どちらにも属さない、中立）を表します。この意味は後に明らかになります。

前縁から距離h_{n}の点は、釣合状態から姿勢を変えたとき、飛行機全体の（主翼と尾翼を合わせた）揚力の変化分が作用する点です。h_{n}を専門家は、「全機空力中心」とよびます。

全機空力中心の位置

さて全機空力中心の位置がどこになるか、改めて、図1・9を見てください。

揚力変化の合力（$\Delta L_{\mathrm{W}}+\Delta L_{\mathrm{t}}$）は、前縁から距離$h_{\mathrm{n}}$の点に作用します。皆さんが仮にそこを指先で押さえると、指先は（$\Delta L_{\mathrm{W}}+\Delta L_{\mathrm{t}}$）の力で押し返されます。そういう点が$h_{\mathrm{n}}$です。これも天秤棒の問題ですね。

ΔL_{W}とΔL_{t}は、それぞれ主翼面積S_{W}と尾翼面積S_{t}に比例して増えます。言いかえれば、天秤棒の両端にS_{W}とS_{t}の荷を積んだとき、全体の荷（$S_{\mathrm{W}}+S_{\mathrm{t}}$）のかかる点（担ぐ点）が$h_{\mathrm{n}}$です。このことから、$h_{\mathrm{n}}$点を次のように言うことができます。

「主翼空力中心に主翼面積を、尾翼空力中心に尾翼面積をそれぞれ集中させたとき、その面積重心が全機空力中心である」

例えばハンドランチ機の平面図、図1・3の真ん中の図を見てください。

胴体を天秤棒に見立て、主翼前縁から25％の位置に主翼面積を、尾翼前縁から25％の位置に尾翼面積を、集中させましょう。その面積重心は、多分主翼後縁近くですね。

縦の姿勢の静安定と最後方重心位置

では、飛行機の釣合が静的に安定であるためには、どのような条件が必要でしょうか。

いま求めた全機空力中心は、飛行機が釣合状態から姿勢を変えたとき、主翼と尾翼の揚力変化分の合力が作用する点です。そこには、機首を上げれば上向きに、下げれば下向きに、それぞれ変化分の揚力が作用します。

飛行機が姿勢変化に対し静的に安定であるためには、この変化分が、乱れをもとに戻すように働くことが必要です。そのためには、「飛行機の重心が全機空力中心より前方にあればよい」

重心が全機空力中心より前方にあれば、機首上げに対し、機首下げモーメントが発生します。逆に機首下げに対しては、機首上げモーメントが発生します。いずれも飛行機の姿勢を、もとの釣合状態の方向に戻そうとします。

このように縦の姿勢変化に対し、飛行機が静的に安定であるためには、重心位置は、全機空力中心の前方にあることが必要です。

したがって全機空力中心は、飛行可能な最後方重心位置となります。

数式の表現にも触れておきます。先に全機空力中心の位置h_nは、天秤棒の両端に荷S_WとS_tを積む問題として考えました。

その場合、S_WとS_tの作るモーメントは、h_nに働く合力（S_W＋S_t）の作るモーメントと等しくなります。それを式に書き、整理し（途中一ヵ所でS_t／S_Wを0・35と仮定します）、h_nを翼弦長cで割ると、次のようになります。

$$\frac{h_n}{c} = 0.25 + 0.74\,V_h$$

ただしV_hは、次のようなものです。

$$V_h = \frac{S_t l}{S_w c}$$

V_hは、飛行力学では水平尾翼容積（テイル・ボリューム）とよばれます。縦の静安定に対する水平尾翼の効果を表す量です。

h_n／cは、最後方重心が翼弦（厳密には代表的翼弦）上のどこに位置するかを表します。例えばこの値が0・35であれば、最後方重心は翼弦上、前縁から測って35％の位置にあります。

縦の静安定と重心位置

ここで少しデータにあたってみましょう。模型飛行機の重心位置が、本当に最後方重心位置の前方にあるのでしょうか。もしそうなら、どの程度前方にあるのでしょうか。

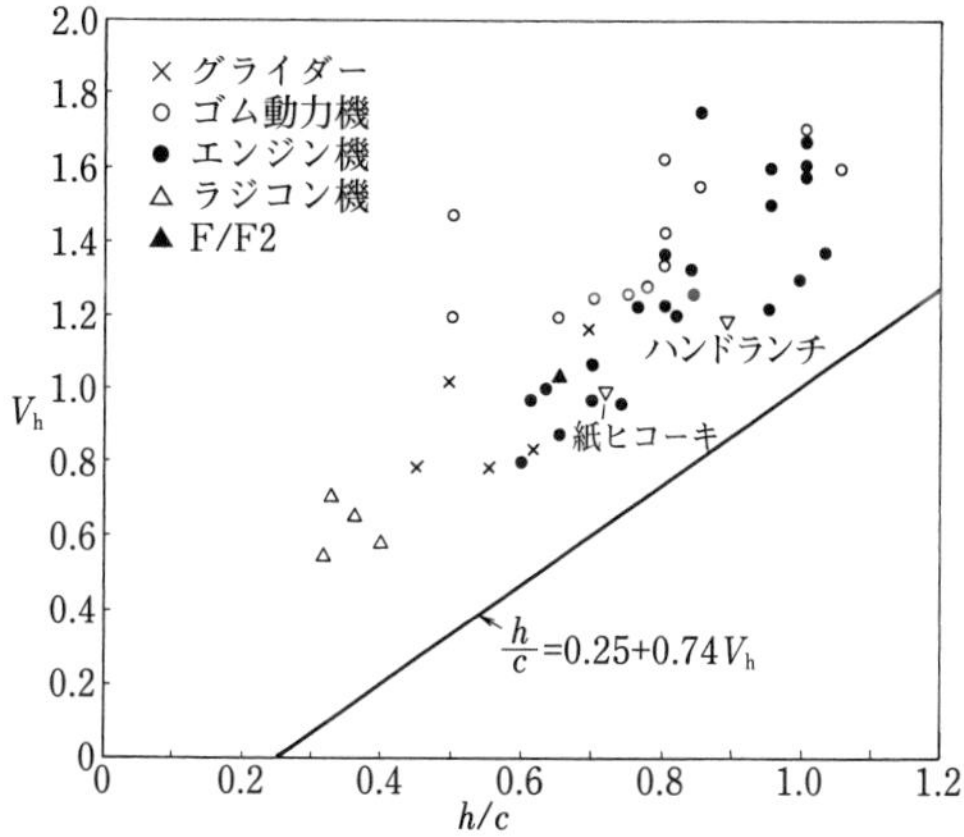

図 1.10　安定限界と重心位置（文献 3）．紙ヒコーキとハンドランチ機以外のデータは木村秀政・森照茂著『模型飛行機』（文献 4）よりとられている．

最後方重心位置h_nは、水平尾翼容積V_hで変化します。したがってそのことを確かめるためには、水平尾翼容積の異なる機体について、前縁から測った重心位置hと、前縁から測った最後方重心位置h_nを比較しなければなりません。

図1・10は、模型飛行機について、その比較を行ったものです（文献3）。

図の縦軸は、水平尾翼容積V_hです。また横軸は、重心位置hを翼弦長cで割ったh／cです。また斜めの実線は、26ページのh_n／cとV_hの関係を示します。すなわち重心位置h／cがこの線上にくると、そこは最後方重心位置h_n／cに一致します。したがって実線は、静安定の限界を示す境界線です。

この図は次のように読むと理解しやすいです。水平尾翼容積V_hをある値に固定します。そのようなV_hに対し、その機の重心を後方に動かすと、h/cの値は大きくなり、次第に静安定の限界に近づきます。そして境界線に達すると、静安定がなくなります。すなわち、静安定が中立《ニュートラル》になります。その右側の領域に入れば、飛行機の静安定は失われます。

静安定の境界線上では、h/cの増加とともにV_hが増加します。すなわち後方重心で飛ぶためには、そのぶん大きな水平尾翼容積（すなわち大きな水平尾翼）が必要になります。

静安定余裕と尾翼容積

重心位置hは、最後方重心位置h_nより前方にあるほど安定です。両者間の距離を翼弦長cで割った値を%で表し、静安定余裕といいます。例えばその値が0・25であれば、静安定余裕は25%です。両図1・10には、先に述べたハンドランチ機と紙ヒコーキのデーターもプロットされています。両機の静安定余裕は25%程度です。よく飛ぶ模型飛行機の静安定余裕は、この程度と推定されます。

では実物の飛行機の水平尾翼容積は、どのくらいでしょうか。私自身、正確な統計をとってみたわけではありませんが、プロペラ機は1前後のようです。ジェット機はこれより小さめで、軽飛行機は0・6前後になるようです。グライダーは、一般に水平尾翼が小さいです。尾翼容積にすると、0・2くらいのものもあるようです。

これら実物の飛行機の多くは、重心位置は、翼弦の25％前後にあります。実機のグライダーに比べると、よく飛ぶ模型飛行機の水平尾翼容積は大きいです。それに対応して模型機の重心位置は——仮に静安定余裕を同じにとれば——実機より遥かに後退させることができます。

これが実機のグライダーとよく飛ぶ模型飛行機で、重心位置と尾翼面積が大きく違う理由です。しかし、理由のすべてではありません。後で、この話の続きをします。

第2章　無尾翼機はなぜ飛ぶか
——姿勢の復元

静安定と風見安定

前の章で、先ず矢を安定に飛ばす話をしました。このとき、「風見安定」という言葉を使いました。次に、主翼と尾翼を持つ飛行機の、機首を上下させる姿勢の安定を論じました。このときには、「縦の姿勢の静安定」という言葉を使いました。

風見安定も縦の姿勢の静安定も、「乱れを戻す向きに運動が起こる」という意味で、本質は同じです。実際飛行機では、縦の姿勢の静安定を、「縦の風見安定」ともいいます。

ちなみに飛行力学で「縦の」を表す英語は、「ロンジチュージナル」です。これは、「経度、長さ、縦」などを表す「ロンジテュード」からの派生語です。

飛行機には、もう1種類の風見安定があります。すなわち、機首を左右に振るときの姿勢の静安定です。こちらは「方向の静安定」といいます。飛行力学では、「方向」には「ディレクショナル」が使われます。

方向の静安定に寄与するのは、垂直尾翼が主です。この意味で飛行機の方向の静安定は、最初に説明した矢の風見安定と、本質は同じものです。

方向の静安定は、直感的に理解しやすいですね。関与する翼は垂直尾翼だけで、乱れがもとに戻る性質は、風向計の例からも推測できます。したがって飛行機の方向の静安定も、矢の場合と同じく、重心は前方にあるほど安定です。

ただし飛行機の重心位置は、あまり大きく変化しません。いい換えれば、重心位置と垂直尾翼までの距離は、大きくは変化しません。したがって飛行機の方向の静安定は、重心位置の変化に鈍感です。

これに対し縦の静安定は、重心位置の影響を強く受けます。その理由は、静安定に主翼と水平尾翼の二つの翼が関与するからです。その重心位置の制限を示す一例が、パーキンス・ヘーグの教科書に示された重心許容範囲（図1・2）でした。

平均空力翼弦ＭＡＣ

図1・2の横軸は、主翼翼弦に対する重心位置の制限を示しています。しかし、より正しくは、

主翼の代表的翼弦に対する重心位置というべきものです。

模型飛行機では、左右の翼の軸線が一直線になっている場合が多く、このような翼を直線翼といいます。直線翼では、翼弦長はあまり変化しないことが多いです。このようなとき代表的翼弦は、翼の付け根の翼弦と考えても、さほど不都合はありません。

しかし翼弦は、通常、翼端にゆくほど小さくなります。これをテーパー翼といいます。また軸線が後方に傾いている（後退角といいます）場合があり、これを後退翼といいます。後退翼は、実機にも模型機にも現れます。

飛行力学では、このような一般的な翼の平面形に対しても、代表的翼弦を定義しています。それを「平均空力翼弦」といいます。これによって、テーパーや後退角のある翼でも、それを一定翼弦の直線翼として扱うことができます。その翼の翼弦が、平均空力翼弦です。

平均空力翼弦は、通称MACとよばれます。これはミーン・エアロダイナミック・コードの頭文字です。パーキンス・ヘーグの教科書では、小文字が使われています（5ページ参照）。私は大文字を使っています。

MACの図式解法

平均空力翼弦MACの位置と長さは、本来は風洞実験（55ページ参照）で決められるべきもので

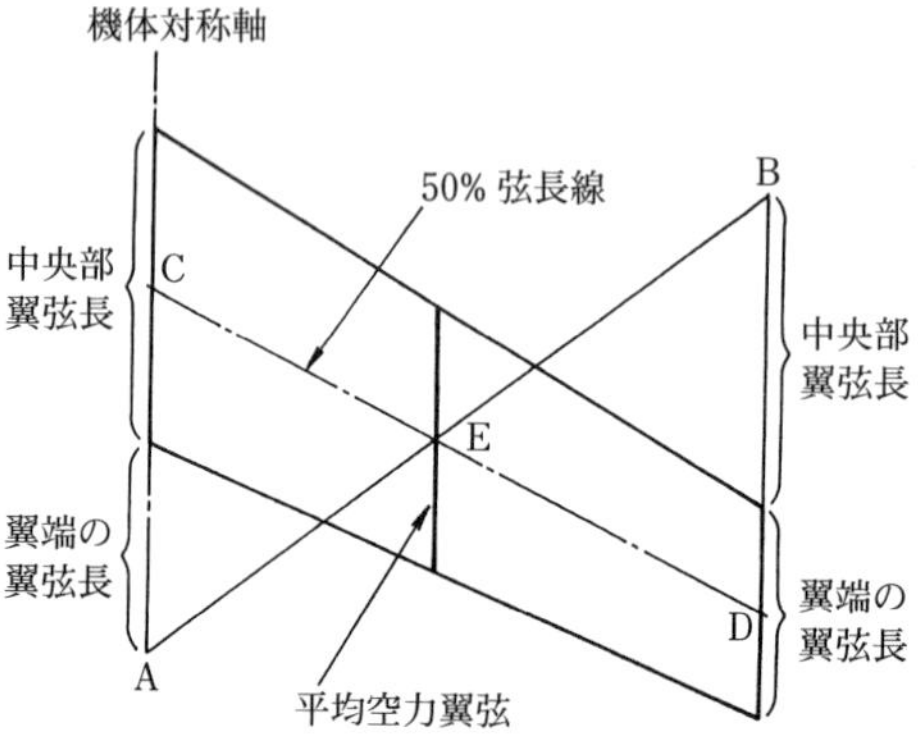

図 2.1　平均空力翼弦 MAC，作図の根拠は文献 5 参照.

す。しかし音速より遅い（厳密には亜音速といいます）飛行に対しては、近似的な推定法が工夫されています。片翼の平面形を図2・1のように直線で近似し、中央部翼弦の後方に翼端の翼弦長を、また翼端の翼弦の前方に中央部の翼弦長をとり、それぞれA、Bとします。次に翼の50％弦長点を結ぶ直線CDと、ABを結ぶ直線との交点Eを求めます。点Eの位置の翼弦が、平均空力翼弦の（胴体に対する）位置と翼弦長を、同時に与えます。

点Eを通る翼弦の空力中心（すなわちその前縁から25％の位置）が、この翼の空力中心です。この翼が縦の姿勢を変えても、この点まわりのモーメントは変化しません。

遡って図1・9のcは、このような翼弦（平均空力翼弦）を横から見た図と考えてください。同様に図1・10のcは、主翼平面形が図2・1のような場合には、点Eを通る翼弦と考えてください。こうすると、いままで述べたことは一般性を増します。

MACは、左右の翼を代表する翼弦です。例えば図2・2のような翼がある場合、この翼に働く空気力は、音速より遅い飛行では、「図に示したMACの25％弦長点に集中的に働く」と考えればよいのです。

無尾翼機の実験

前の章で、重心位置と安定限界の話をしました。その重要な結論が、図1・10でした。果たして図1・10が正しいか。最も単純かつ興味ある場合、すなわち無尾翼機の場合を例にとり、確かめましょう。

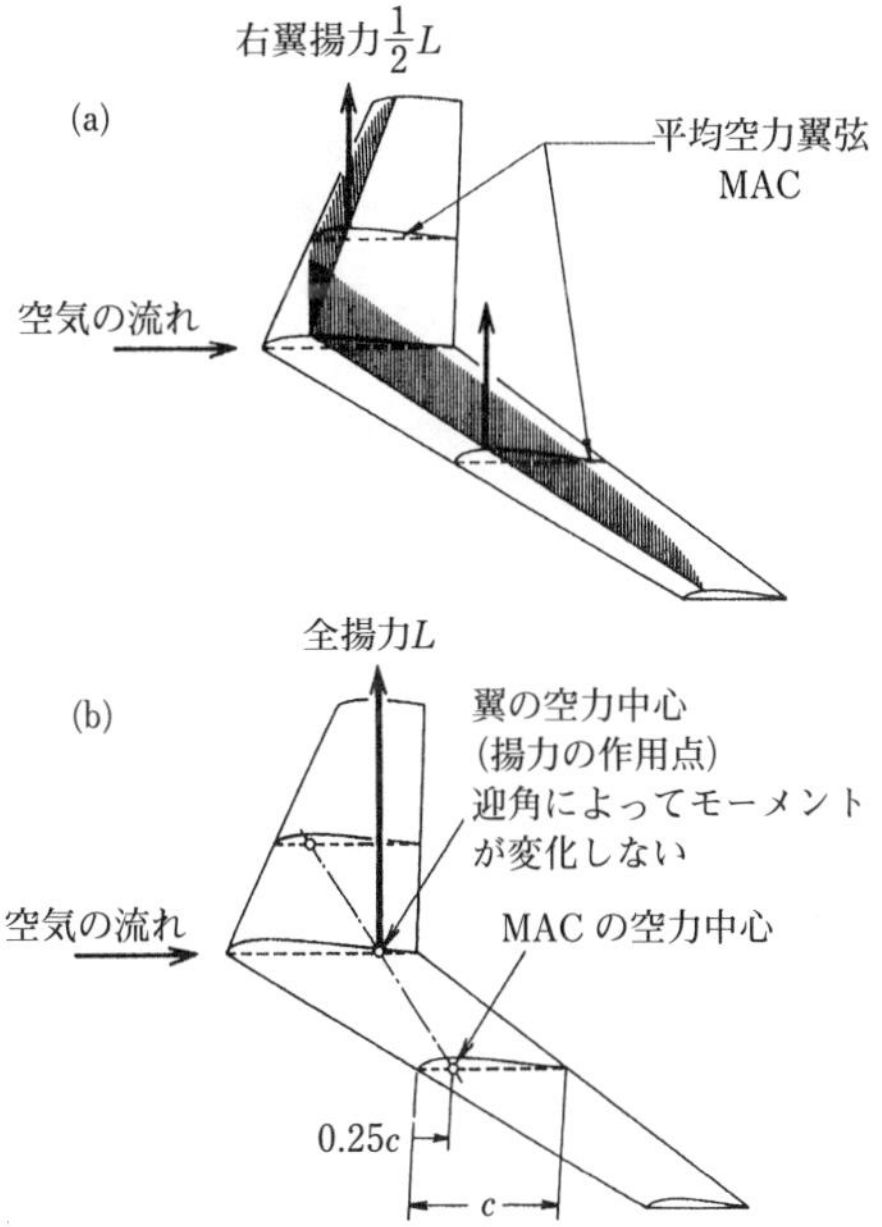

図 2.2　平均空力翼弦 MAC の意味

無尾翼機の水平尾翼容積はゼロです。図より、V_{h}のゼロを通る横線（すなわち図の下側の枠、横軸）は、最後方重心位置を示す斜めの線と、目盛りが0・25の点で交わります。すなわち無尾翼機の最後方重心位置は、平均空力翼弦の25％です。

このことは、水平尾翼がなくても、重心が平均空力翼弦の25％位置より前方にあれば、縦の静安定が生ずる

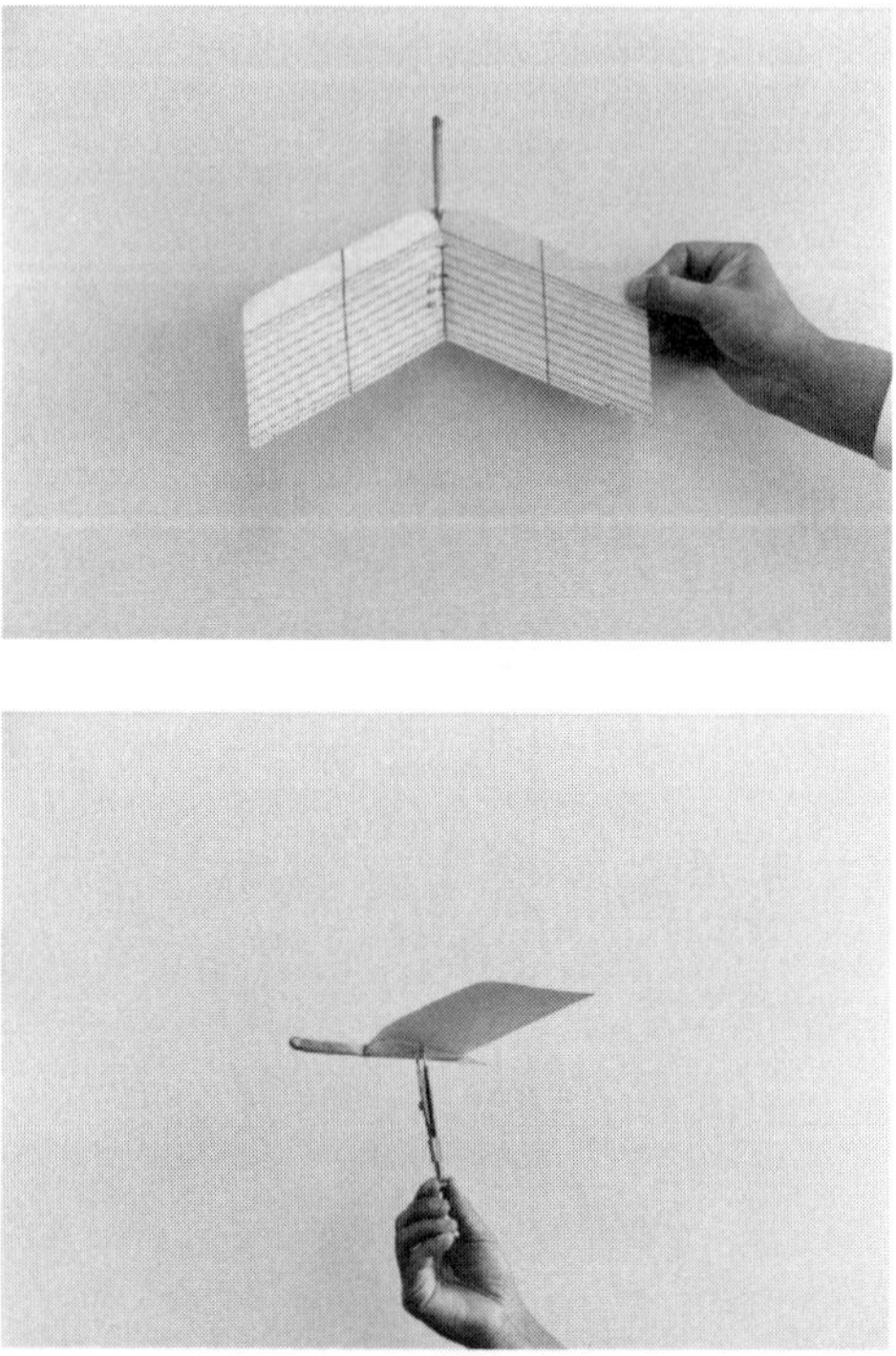

図 2.3　無尾翼機と重心位置

ことを意味します。それを示す実験をお目にかけましょう。

実験に使用する無尾翼機を、図2・3に示します。この機には、後に述べる理由で、後退角がついています。その平均空力翼弦は、片翼の中央の翼弦です。その前方から25％のところが、全機空力中心です。重心は、その前方にあることが必要です。実際、少し前方になるように調節されています。

さて、この無尾翼機を飛ばしてみましょう（図2・4の上）。飛行機がこのように飛ぶということは、縦の静安定がある証拠です。

この無尾翼機には、機首に小さな錘がついています。この錘を、取りはずしてみましょう。

これによって、重心位置は少し後退します。この結果重心位置は、全機空力中心より後方に移動します。この状態で飛ばすと、静安定がないはずです。実際、飛行機は墜落してしまいます（図2・4の下）。

この実験は、縦の風見安定が主翼だけでも生ずることを示しています。すなわち、重心位置が揚力変化の作用点より前方にありさえすれば、風見安定は発生します。

主翼だけでも、静安定はつくれます。縦の静安定のために、必ずしも水平尾翼は必要ではありません。飛行力学の面白さの一端を知っていただけたでしょうか。

図 2.4　重心位置の影響．上の重心は平均空力翼弦（代表的翼弦，前図の実線）の 23%，下は 32%．

無尾翼機を飛ばすこつ

無尾翼機を飛ばすには、重要なこつがあります。それは翼の断面を、図2・5のように波打たせることです。なぜでしょう。

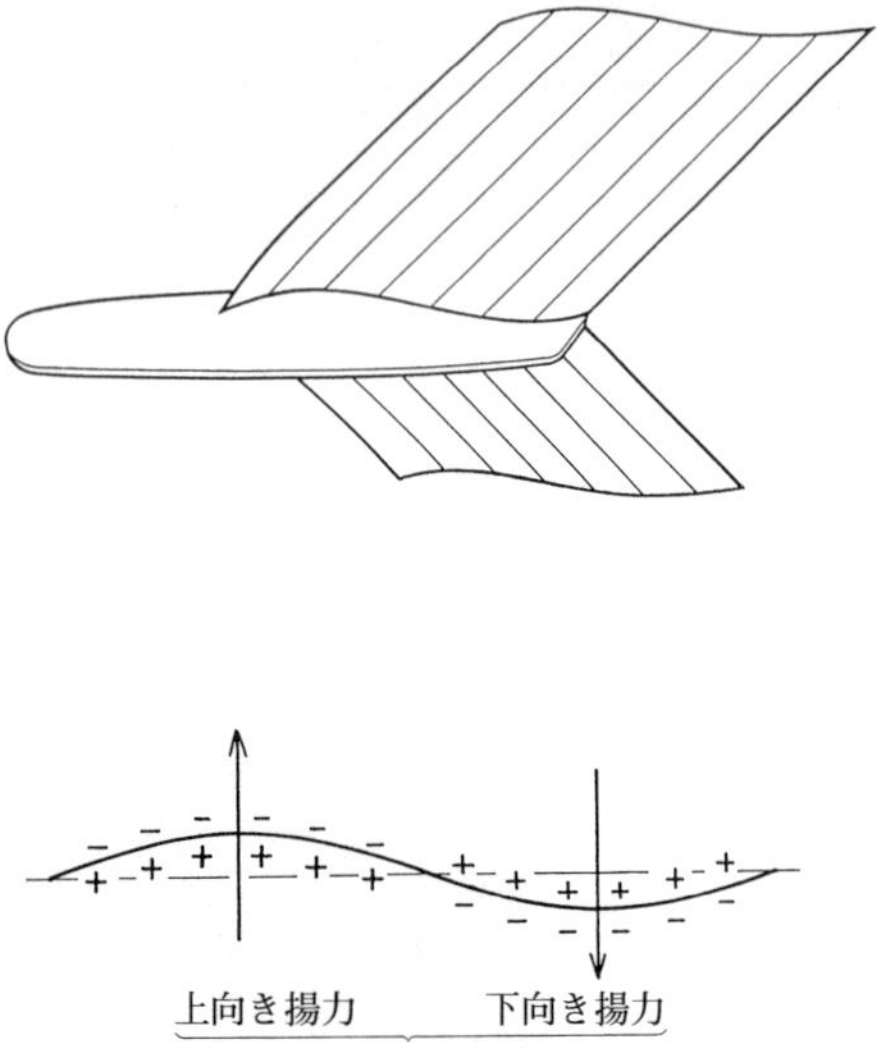

図 2.5　無尾翼機の翼断面は波打っている．揚力ゼロのとき機首上げモーメントを発生させるためである．

飛行機が飛んでいるとき、飛行機全体に作用するモーメントはゼロになっています。これは釣り合うための条件の一つです。

このことは、無尾翼機の場合も同じです。無尾翼機が飛んでいるとき、縦のモーメントはゼロになっています。

同時に、縦の姿勢変化に静安定があるという条件を満たすことも必要です。機首が上がると、機首下げモーメントが発生しなければなりません。逆に機首が下がると、機首上げモーメントが発生しなければなりません。

そこでこの機がたまたま機首を下げ、揚力がゼロになった場合を考えましょう。縦の静安定があれば、そのような状態では、機首上げモーメントが発生しなければなりません。そのためには翼は、どういう形状であるべきでしょうか。

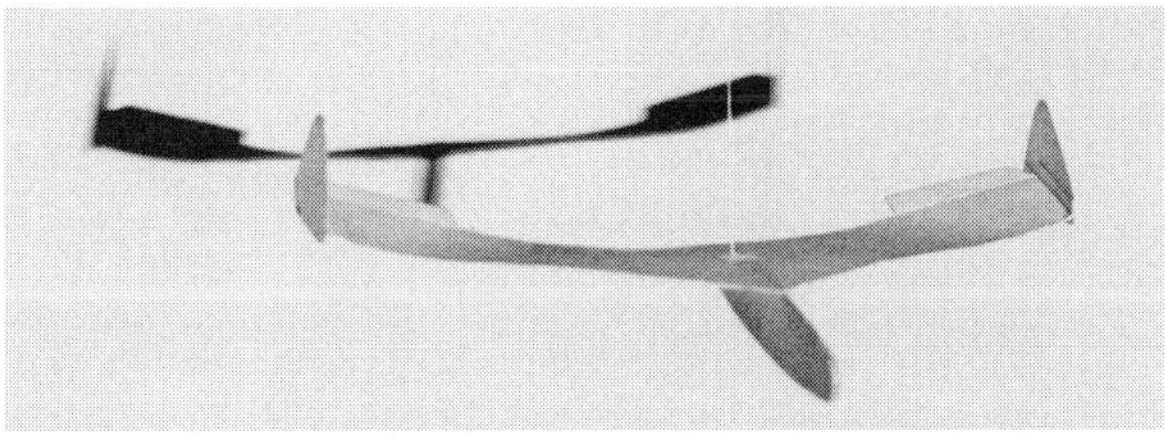

図 2.6 無尾翼紙ヒコーキは翼の外側をはね上げるのがコツ．

翼を波打たせればよいのです。翼の前側を上に、後ろ側を下に、それぞれ凸に膨らませるのです。このような「波状の反り」をつけると、揚力がゼロのとき、機首上げ特性が得られます。改めて、図2・5を見てください。

ただし、翼弦を波状に反らせるのは、かなり難しいです。裏技をお教えします。例えば市販の無尾翼紙ヒコーキの場合、左右両翼の舵面を上げ舵にする（あるいは翼の外側をはね上げる）くらいで、目的を達します（図2・6）。

ステルスB−2

無尾翼で飛ぶ実物の飛行機があります。例えば爆撃機ノースロップB−2です。B−2には尾翼がありません。翼だけの飛行機です。全翼機ともいいます（図2・7）。

B−2は幅52・4メートル、全長21メートル、高さ5・2メートルです。翼面積は470平方メートル、ボーイング747ジャンボの翼面積と同じくらいです。重量は130トンから180トン程度と推測されま

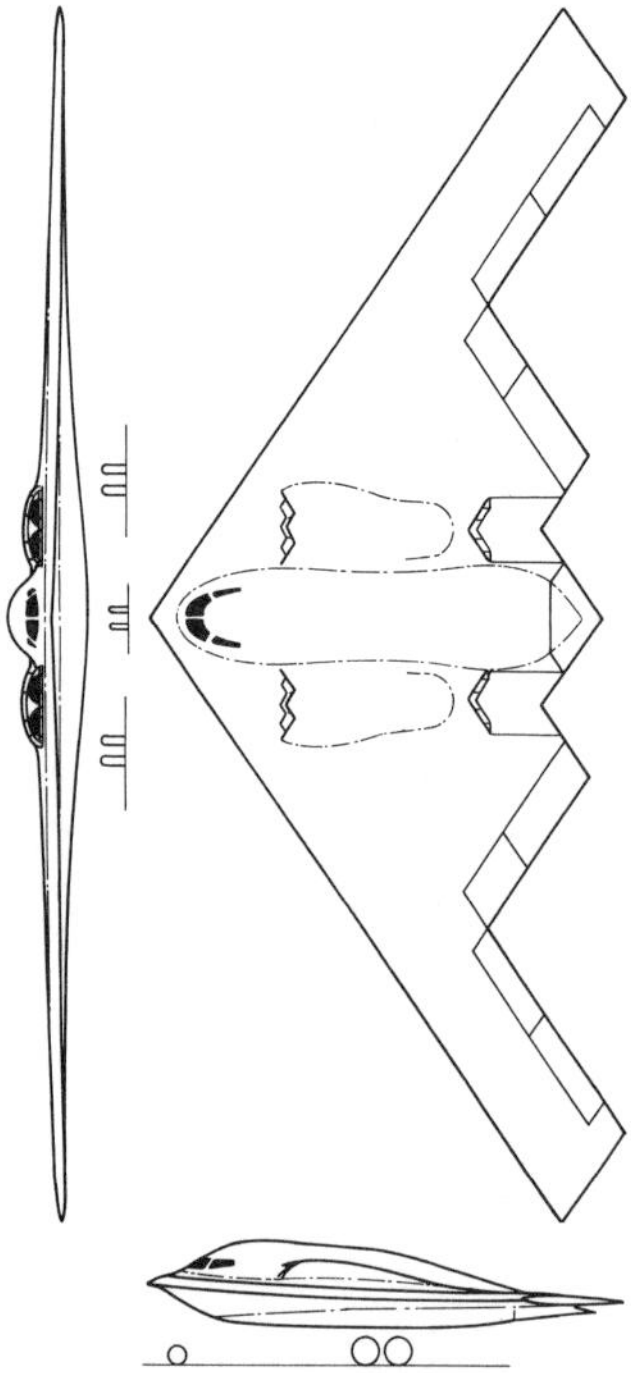

図 2.7 ノースロップ B–2 全翼機，無尾翼で飛ぶ珍しい機体．

す。目方はジャンボ機の半分くらいです。

この飛行機の特長は、いわゆるステルス機であることです。レーダーに映らないというのが、いちばんのセールスポイントです。

レーダーに映らないといっても、全然映らないわけではありません。相対的に映りにくい、という意味です。機体の形状や外側の材料、塗装などを工夫して、特定の方向からのレーダー波をできるだけ反射しないようにつくられています。

無尾翼の紙ヒコーキの例からもわかるように、B-2にも縦の静安定はあるはずです。揚力が変化したとき、揚力変化の作用点が重心より後方にあるはずです。

B-2のような複雑な平面形になると、揚力変化の作用点h_n（あるいは平均空力翼弦）がどこにあるか、平面図を見ただけでは必ずしもわかりません。それを理論的に計算するのも、たいへん難しいと思います。

しかし、推定することはできます。その位置は、重心より後方にあるはずです。では B‐2 の重心位置はどこか。それは脚の位置を見れば、大体わかります。主脚の少し前に、重心はあるはずですね。そうでないと、飛行機が尻餅をついてしまいます。

無尾翼機では、縦の静安定を持つためには、揚力がゼロの状態で、機首上げモーメントが発生することが必要です。そのためには、例えば、翼の外側をはね上げることが必要です。

B‐2 の正面図を注意深く見ると、確かに翼がねじれ、そうなっているのがわかりますね（図 2・7）。

迎角と横すべり角

無尾翼機を飛ばす実験では、無尾翼機に後退角がついていました。次にその理由を説明したいと思います。

そのために、いくつか飛行力学独特の用語について、説明がいります。少し回り道が必要です。

まず、飛行機が飛ぶ（進む）方向と胴体軸（機体の基準線）は、必ずしも一致していません。このことを正確に理解する必要があります。

例えば自動車が曲がるとき、車体の中心線と車の動く方向は、必ずしも一致しません。このことは、例えば螺旋の坂道を走るとき（デパートやスーパーの駐車場にときどきありますね）、よくわかります。車の中心線は、車の動く方向から大きくずれています。

同様のことは、飛行機でも起きます。例えば「機首を振る」といいます。これは、機体の回転を強調したいい方です。このとき、風は斜めの方向から吹いてきます。この状態を速度を中心に見れば、飛行機は前と横に動いています。

ここは重要なので、もう少し詳しくご説明します。

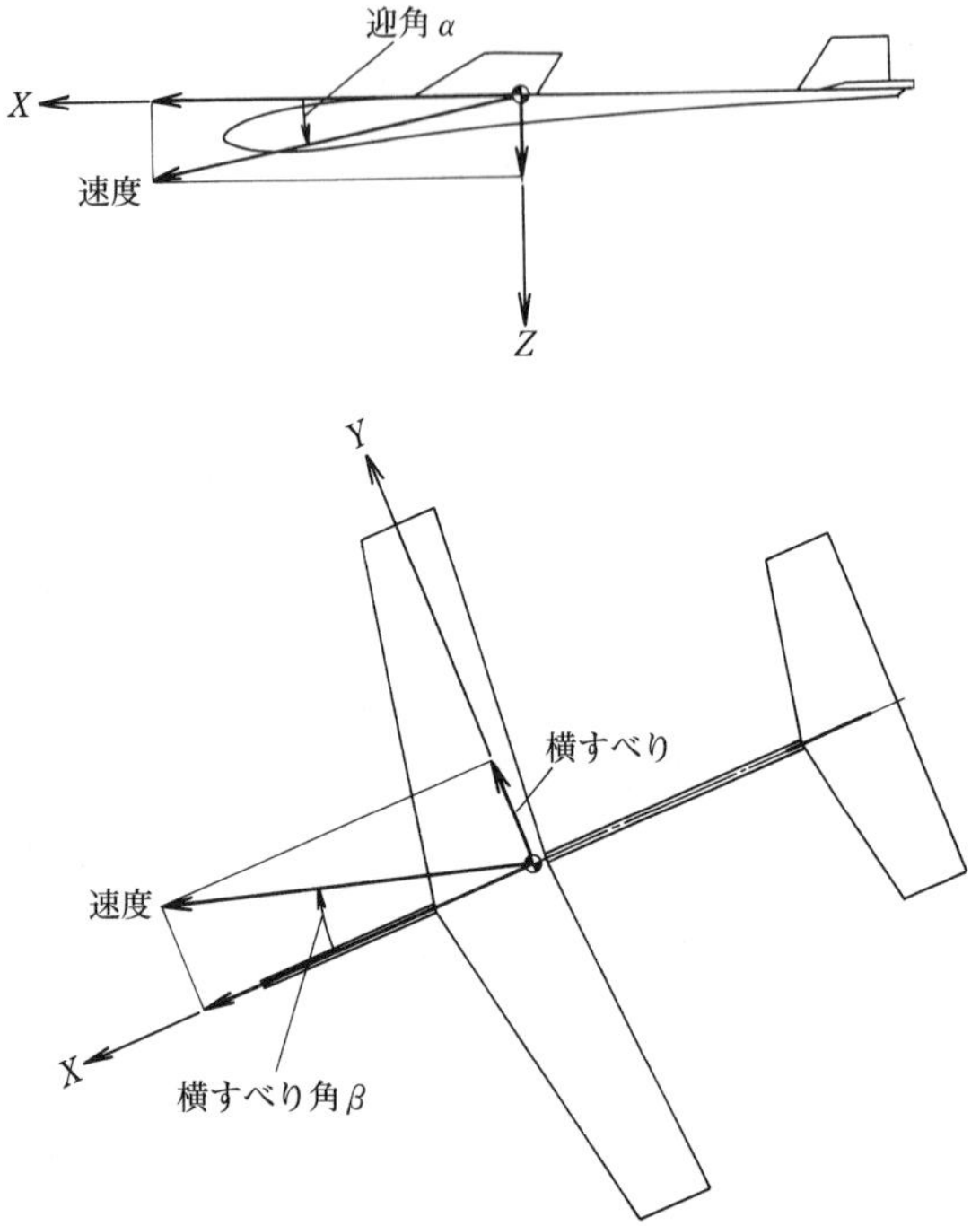

図 2.8 迎角と横すべり角．これらは胴体基準方向（X軸）に直角な速度を，角度で表現したものである．

そのために、基準となる軸を導入します。飛行機の重心を通り、互いに直角な三つの軸を考えましょう（図2・8）。

X軸、Z軸は機体対称面内にあり、X軸は前方、主翼取付角の方向に、Z軸は下方に、Y軸は右方向にとることにします。X、Y、Z軸は機体に固定されています。

飛行機は揚力を発生して飛びます。したがって、速度の方向とX軸の間には、通常、角度が必要になります。この角度を飛行力学では、機体の「迎角《げいかく》」といい、通常αで表します。

迎角は、通常は翼と流れのなす角を表すのに使い、迎《むか》え角ともいいます。飛行力学では、X軸と気流のなす角にも、迎角を使います。

飛行機は、機首を左右に振って飛ぶこともあります。このとき速度の方向とX軸の間には、一般に角度が現れます。この角度を「横すべり角」といい、通常βで表します。

迎角静安定と横すべり（方向）静安定

飛行機が迎角αをもつということは、Z軸方向の速度があるということと同じです。横すべり角βがあるということは、Y軸方向の速度があるということと同じです。その速度を横すべり速度といいます。単に横すべりともいいます。迎角、横すべり角は、角度を中心にしたいい方です。Z方向とY方向の速度を、角度に換算して示したものです。

なお機体の角度変化を表すには、別のいい方があります。すなわち、機首が上下に揺れるのが「ピッチ」、左右に揺れるのが「ヨー」です。それぞれ、「縦揺れ」、「偏揺《かたゆ》れ」といいます。ちなみに横に傾くのが「ロール」で、「横揺れ」といいます。

先に、縦の姿勢の静安定を論じました。この議論は、迎角αを釣合状態から変化させているときに相当します。実際飛行力学では、縦の姿勢変化に対する静安定を、「迎角（に関する）静安定」ともいいます。

また機首の左右振りの、あるいは方向の静安定を論じました。この議論は、横すべり角βを変化させているときに相当します。飛行力学では方向静安定のことを、「横すべり角（に関する）静安定」ともいいます。

いずれも風見安定の別の表現です。

横の傾きに静安定はあるか

迎角静安定や横すべり角静安定は、飛行機の縦と方向の姿勢の乱れを戻します。では、飛行機が横に傾いたときどうなるか。横にロールしたら、それを戻すようなモーメントは発生するのでしょうか。

答は、「ノー・アンド・イエス」です。

横の傾きを戻すモーメントは、風見安定のように、直接的には発生しません。しかし、少し間を置いて、それが現れてきます。傾きとモーメント発生の間に、ワンクッションあるのです。

その役目をするのは、主翼の上反角です。飛行機の左右の翼は、通常、少し上向きに（傾けて）

取りつけられています。これを上反角といいます。

さて、上反角のある翼が、右に傾いたとします。どうなりますか。このとき、飛行機は右下に落ち始めます。

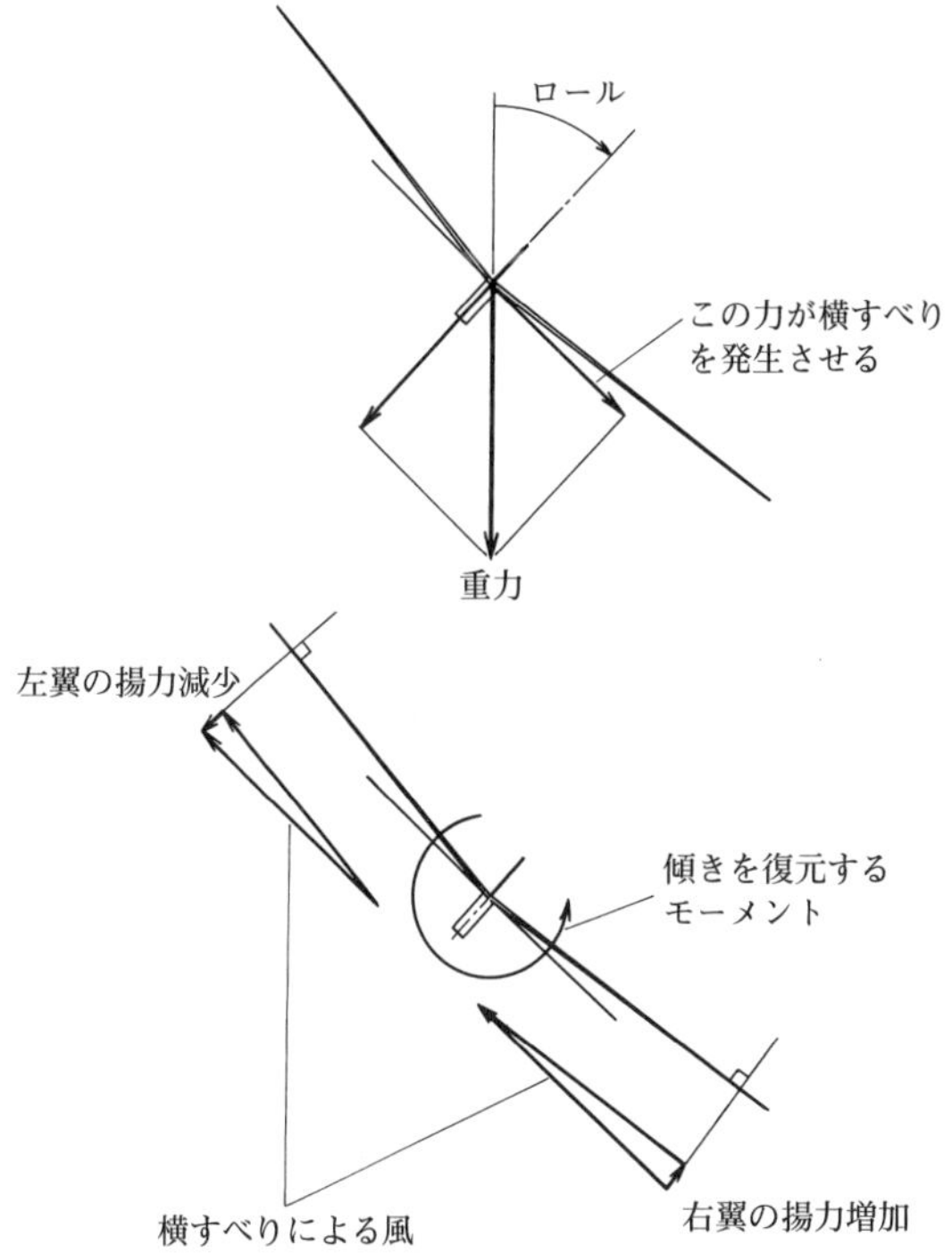

図 2.9　上反角効果．上反角があると，すべった側の翼を持ち上げるモーメントが発生する．この図は傾いた飛行機を後ろから見ている．

もう少し、正確にご説明しましょう。図2・9は、傾いた飛行機を、後ろから見たものです。飛行機は右に傾いています。重力は鉛直下向きに働いています。すると重力の右翼方向の成分が、飛行機に横方向の速度を与えます。すなわち、飛行機を右に横すべりさせます。

上反角効果

これは飛行機にとって、右側から風が吹いてくることに相当します（図2・9の下の状態）。この風を、翼に平行な成分と垂直な成分に分けてみましょう。

飛行機が右にすべっている場合、右翼は上向きの風を受けます。逆に左翼は下向きの風を受けます。これは翼に上反角があるための効果です。

この結果飛行機が右にすべると、飛行機には右翼を持ち上げるモーメントが発生します。このモーメントは、横すべりの原因となった右への傾きを戻す向きに働きます。

もう一度、整理しましょう。飛行機が右に傾いたとします。すると重力の影響で、飛行機は右にすべり始めます。このとき上反角があると、右翼を持ち上げる向きにモーメントが発生します。これは上反角効果とよばれます。

上反角効果は、飛行機が傾いたとき、直ちに発生するわけではありません。傾いた側へすべり始めてから、傾きを戻す向きにモーメントが発生します。しかし、乱れを止める向きにモーメントが発生するところは、迎角静安定や方向静安定と似ています。

後退角の影響

たいぶ回り道をしましたが、これで用意ができました。再び無尾翼機の実験の話に戻りたいと思います。

実験に使った無尾翼機には、後退角がついていました。しかし、上反角は少しでした。お気づきになられましたか。

実は翼に後退角をつけると、上反角と同じ効果が現れます。

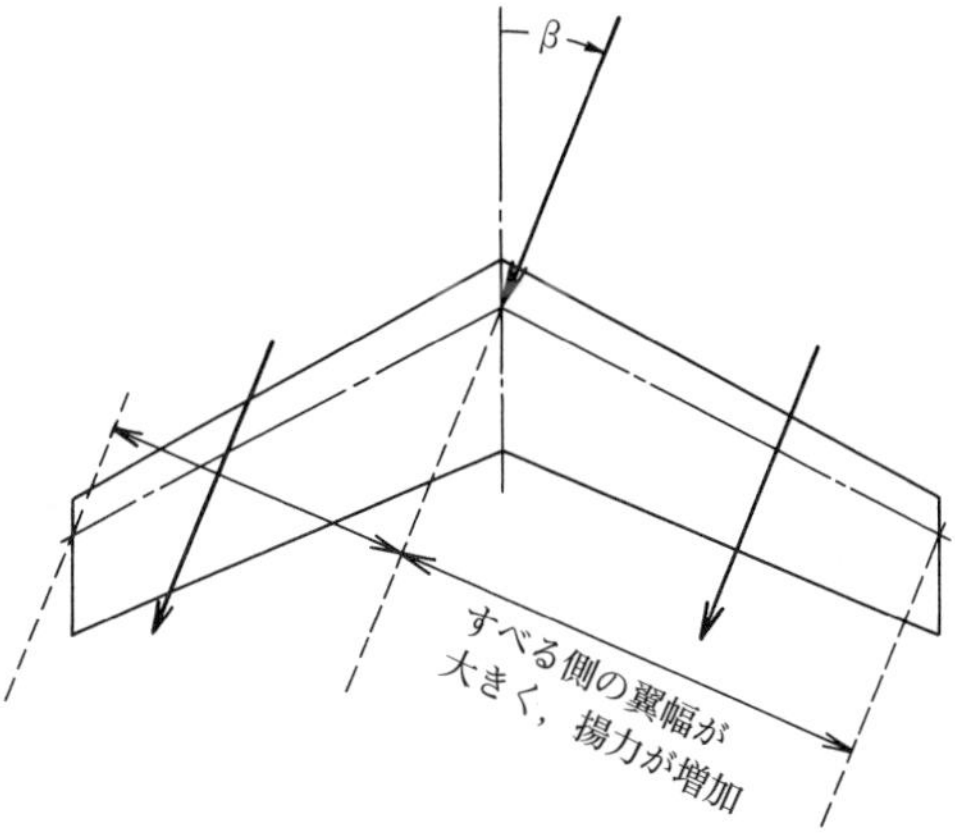

図 2.10　後退角には上反角効果がある.

図2・10のように、左右の翼が後ろに傾いているとします。上反角はゼロとしましょう。この翼が右にすべったとします。そのとき横すべりによって発生する流れと、翼の関係を考えましょう。

後退角がある場合、図のように右にすべると、横すべりで発生する流れに対し、右翼の翼幅が広くなります。これに対し左翼は、流れに対し翼幅がせまくなります。

この結果、すべった側の翼のほうが揚力が大きくなります。このため、すべった側の翼を持ち上げるモーメントが発生します。すなわち、後退角には上反角と同じ効果があります。

図 2.11　後退角のある翼は，場合によっては下反角がつけられる．ブリティッシュ・エアロスペース　ハリアー．

このような仕方で、無尾翼実験機は横の傾きを修正しています。この結果、一見真っ直ぐに飛んでいるのです。

ちなみに後退翼は、本来は、高速時の抵抗増加を抑えるために考案されたものです。速度が音速に近づいたとき、後退角があると、抵抗増加が抑えられます。ジェット旅客機は、音速に近い速度で飛びます。そのため後退翼が用いられています。ただし後退角は、それだけで上反角効果を有します。上反角をつけると、その効果が大きすぎます。

したがって、後退角のある翼は上反角は少ないか、場合によっては下反角がつけられます。図２・11に、その一例を示します。

第3章　超音速機はなぜ細長いか

——流れの相似則

アマツバメの滑空

実物のグライダーも模型飛行機も、基本的には滑空時間を競います。それなのになぜ、模型飛行機は後方重心を選択しているのでしょうか。

類似する疑問がもう一つあります。図3・1を見てください。これは『鳥・空を飛ぶ』という本（文献6）に載っている写真で、アマツバメの滑空を写したものです。本の著者によれば、「尾のひろげかたで3羽のスピードの違いがわかる。尾をひらいているのが、いちばん遅い」3羽の平均空力翼弦（すなわち代表的翼弦）を推測してください。左側の2羽は、羽を「後退翼」にして飛んでいます。一方右側の1羽は、羽を「直線翼」にして飛んでいます。

平均空力翼弦は、左側の2羽は後方に下げています。右側の1羽は、前方に出しています。左側

図 3.1　アマツバメの滑空．尾をひらいているのが，いちばん遅い（文献 6）．N.N.P 提供．

の2羽の重心は、相対的に前方にあります。よって小さい水平尾翼で飛べます。一方右側の1羽は、後方重心に備えて尾翼を広げ、静安定を作り出しています。

しかしこれは、安定に飛ぶ説明に過ぎません。次のような疑問が生まれます。すなわち、

「アマツバメは、高速と低速で、なぜ飛び方を変えるのか」

さらに、鳥は、着地したり木の枝に止まるとき、速度を落とします。このとき、必ず尾を広げます。すなわち、

「アマツバメは、尾を広げないと、なぜ低速を飛べないのか」

丸い前縁、尖った前縁

ヒントは、実機と模型飛行機の、もう一つの大きな違いにあります。この違いは、平面形ではわかりません。

それは翼型の違いです。翼型とは、翼の断面形状のことです。

実機の翼は、前縁が丸味をおびています。一方ハンドランチ機や紙ヒコーキの翼の前縁は尖っています（図3・2）。

ハンドランチ機の前縁は、ナイフの刃のように尖っています。紙ヒコーキの前縁は、紙1枚です。したがって、本来尖っています。

実機で、前縁が尖っているほうがよいのは、超音速で飛ぶときだけです。昔、ロッキードF-104という戦闘機がありました。史上初の実用超音速戦闘機ですが、この機の前縁は鋭く尖っていました。「そこで鉛筆が削れる」、というジョークがありました。

これは、実機の前縁を尖らせた稀な例です。超音速機でも、例えば離着陸のときは、低速で飛びます。そのため、前縁は丸味をおびています。

それは、翼の迎角（翼と流れのなす角）が大きくなったとき、流れを翼から剥離しにくくするためです。先が尖っている翼型は、通常剥離しやすいのです。

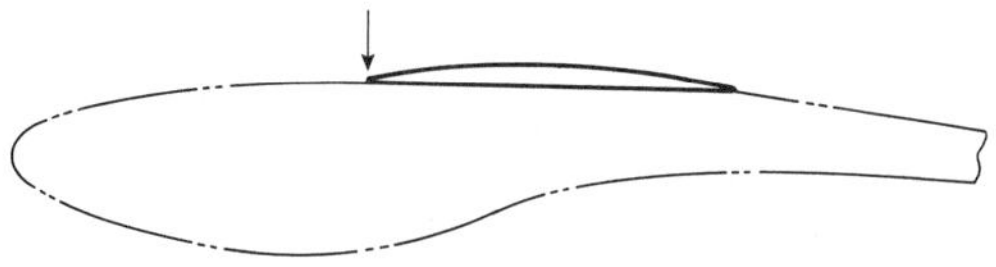

図3.2　よく飛ぶハンドランチ機の翼は前縁が尖っている．

流れが剥離すると、揚力が失われます。同時に抵抗が急増します。これを失速といいます。このとき翼は機能を失い、飛行機は石ころ同然となります。

しかし模型飛行機の翼は、低速を飛ぶにもかかわらず、前縁が尖っているのです。

空気力学の違い

模型飛行機の翼型が、なぜ超音速機の翼型に似ているのでしょうか。

現時点では、これは空気力学の専門家にも、よくわかりません。学会には、模型飛行機の空気力学を専門に研究する学者がいないからです。

私の専門は、空気力学ではありません。しかし、過去10年以上にわたって、紙ヒコーキの飛行を見てきました。それは私が、「ジャパンカップ」とよばれる全日本紙飛行機選手権大会に、審査委員として関係してきたからです。

私は、実機と模型機の翼型の違いは、両者の空気力学の違い――高速を飛ぶか低速を飛ぶか――に由来すると考えています。この違いを解説することは、飛行力学に対する視野を広げると私は確信しています。

ところで、低速の空気力学を解説するには、翼より適切な例があります。ゴルフボールや野球ボールの空気力学です。こちらは、模型飛行機の翼より深く研究されています。

後で、その話をします。その前に、もう一つ明確にしなければならないことがあります。それは、「何をもって高速と低速を区別するか」ということです。そのために、速度に関するなにがしかの基準が必要になります。

その答は、速度を「無次元の数に直して比較する」ことです。無次元の数とは、単位のない数のことをいいます。

無次元化

ウェスト100センチの人と、90センチの人がいたとします。どちらが太っていますか。

もし二人の身長が同じなら、ウェスト100センチの人のほうが太っています。

しかしウェスト100センチの人の身長が2メートルで、ウェスト90センチの人の身長が150センチの場合はどうでしょうか。多分、ウェスト90センチの人のほうが太っているのではありませんか。

こういうとき、ウェストを次元（広い意味での単位）のない量にして考えるのがよいです。例えばウェストを身長で割って、無次元量にしましょう。これを無次元化といいます。

ウェスト100センチの人については、100÷200＝0・5で、無次元化されたウェストは0・5になります。一方ウェスト90センチの人は、90÷150＝0・6で、無次元化されたウェストは0・6となります。

無次元化されたウェストで比較したほうが、公平です。

揚力係数、抵抗係数

ボールや飛行機に働く空気力も、無次元化して考えると、便利です。こうすると、本物の飛行機と模型飛行機の飛行を、本質的部分で比較することができます。

空気力学では、飛行機に働く（あるいは発生する）揚力Lと抗力Dを、次のように無次元化します。

揚力（L）＝動圧×翼面積×C_L

抗力（D）＝動圧×翼面積×C_D

動圧とは、空気密度をρ、飛行速度をUとするとき、（1/2）ρU^2で定義されます。単位は力を面積で割ったもので、圧力の単位と同じになります。

皆さんが、自動車で走っているとします。窓から掌を出し、流れに垂直にしてください。掌に圧力を感じます。大ざっぱには、これが動圧です。

動圧に翼面積を掛けると、単位は力になります。したがって、C_LとC_Dは無次元の（単位のない）量になります。C_LとC_Dは、それぞれ、揚力係数、抗力係数（あるいは抵抗係数）とよばれます。

自動車について、「C_D値」という言葉を聞かれたことがおありと思います。あのC_Dも、同じ種類のものです。ただしこの場合は、翼面積に変わって、自動車の正面面積を使います。

相似則

空気力学者は、揚力係数や抵抗係数のような無次元係数を用いて議論します。無次元係数には、力の本質的部分が現れます。また無次元量を用いると、現象を整理・洞察する際に有利なことが多いです。

例えば、風洞という装置があります。風洞とは、風を流すトンネルです。この中に航空機や自動車の模型をおいて、揚力係数や抵抗係数を測定します。風洞実験といいますが、これから実機に働く空気力を推定できます。

このような推定を行うには、「実物と模型の無次元係数が一致し」、さらに、「それぞれのまわりの流れの模様（パターン）が相似になる」ことが前提となります。

一般に二つの物体、例えば実機と模型機が、異なった流れの中にあるとします。速度の違う流れでもよいし、空気と水のように流体の種類が違った流れでもよいです。ただし、二つの物体は幾何学的に相似で、流れに対する姿勢（傾き角）も同じであるとします。

このとき、物体まわりの流れのパターンが相似になり、物体に働く力やモーメントの無次元係数が一致する条件を、「相似法則」、あるいは単に「相似則」、といいます。

実機と模型や鳥の飛行の間に、相似則は存在するでしょうか。あるいは、実機と模型の無次元化したC_L、C_Dは、どういう条件のとき、同じ値をとるのでしょうか。

スプーンの実験

まず、揚力と抗力を観察することから始めたいと思います。

翼の断面は、一般に上に反っています。あるいは、弓なりに曲がっています。イギリス海峡を初めて（1909年）横断したルイ・ブレリオのブレリオXIは、翼の反りがよくわかります（図3・3）。

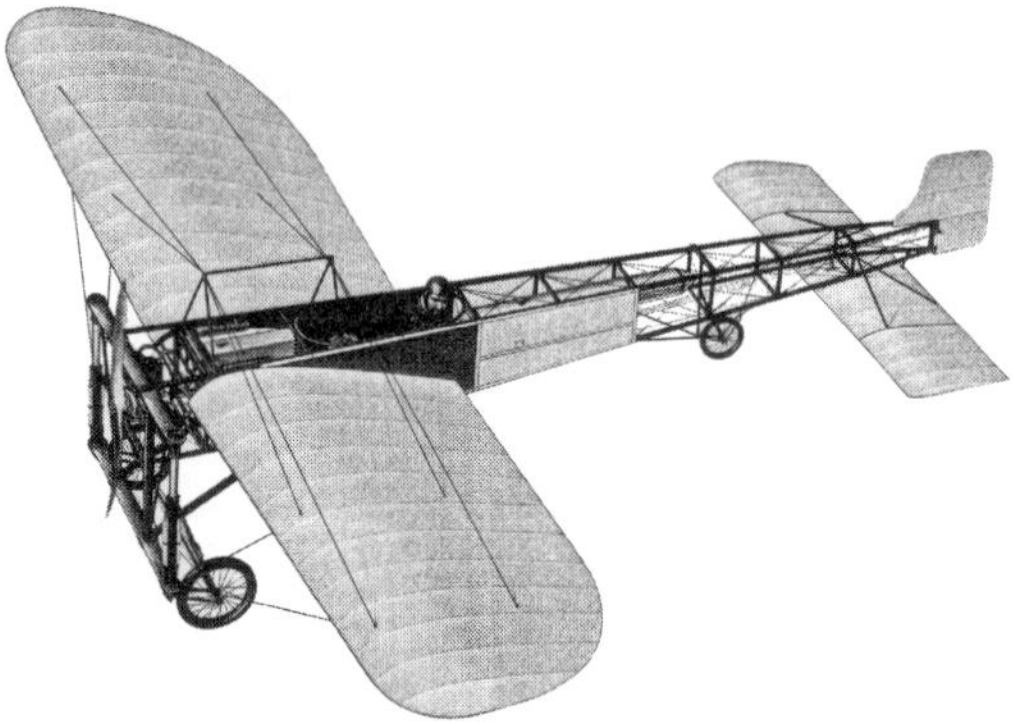

図3.3 ブレリオXI（文献7）.

その後、翼は次第に厚みを増しました。現代機の翼は、下面も膨らんでいます。これは翼の強度を増し、内部を燃料タンクに使うなどの目的のためです（図3・4）。

しかし、揚力発生の源は、湾曲した曲面にあります。このことを示す簡単な実験があります。

スプーンの先は、湾曲しています。これを裏返せば、翼と考えられないこともありません。スプーンの柄を、親指と人差し指で軽く挟み、スプーンがぶらぶら振動できるようにします。この状態でスプーンを支えると、スプーンは図3・5の左のように、ほぼ鉛直にぶら下がります。

この状態でスプーンを移動し、スプーンの先を、水道の蛇口から出る流れに浸します。このときの様子を図3・5の右に示します。

スプーンの先は、水道のほうへ出っ張っています。それにもかかわらずスプーンの先は、流れに引き込まれます。すなわちスプーンには、図では右向きに、揚力が発生します。

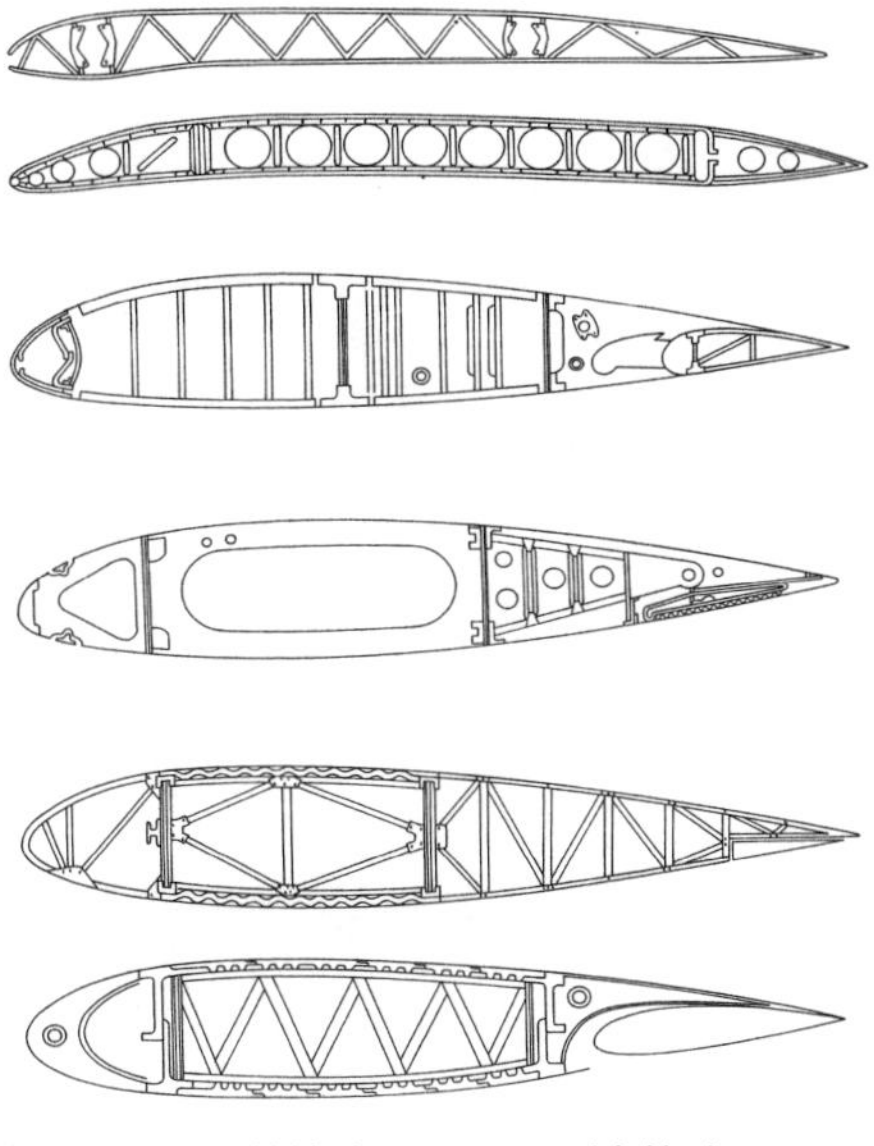

図3.4 翼断面のいろいろ（文献8）.

揚力が発生すると、水はその反作用として、揚力の反対側へ力を受けます。このため水は、左向きに曲がります。

これはどなたにでもできる簡単な実験です。皆さんもぜひ、揚力発生の手応えを実験していただきたいと思います。

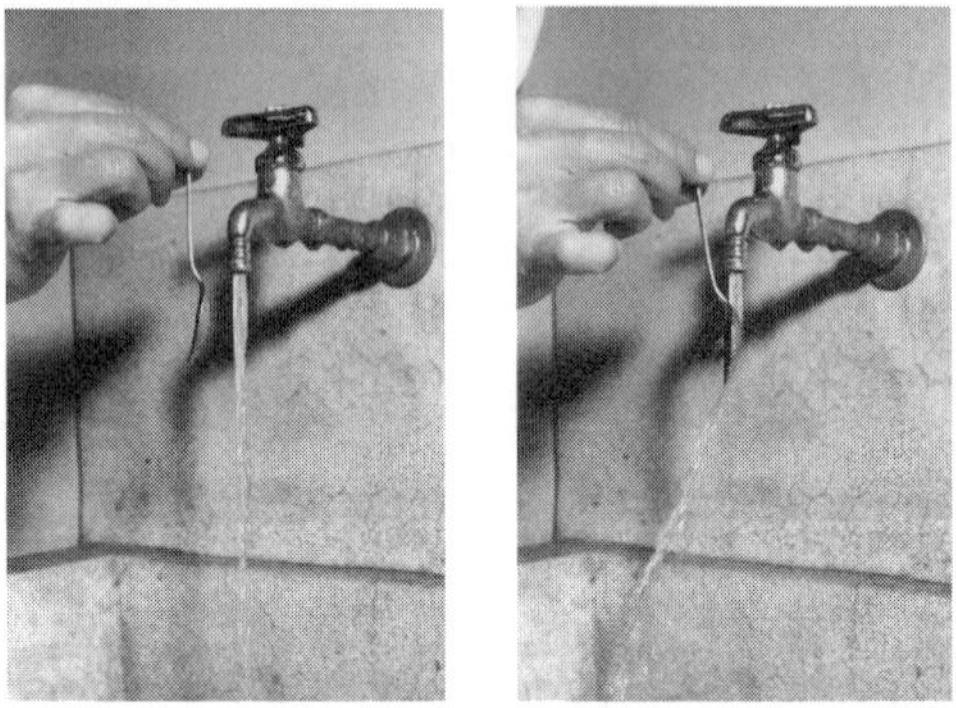

図 3.5　スプーンに発生する揚力.

流れの勢いと粘り気

ところでスプーンに息を吹きつけても、同様に揚力は発生するはずです。水流と空気流で発生する揚力を、それぞれの流れの動圧と面積（例えばボールの部分の面積）で無次元化したとします。

このとき両者の揚力係数が一致し、流れの状態が同じになるには、どのような条件が必要でしょうか。

もっとわかりやすい例にしましょう。ボーリングの球とピンポンの球を流れの中に置き、抵抗を測る実験をするとします。まずボーリング球を空気の流れの中に置き、測定します。次にピンポン球を油の流れの中に置き、測定します。

二つの実験で、両者の抵抗係数が同じになり、同時に両方の球のまわりの流れのパターンが同じになるには、どのような条件が必要でしょうか。

お尋ねしているのは、ボーリング球とピンポン球の実験で相似則が成立するには、どのような条件が必要か、ということです。

球に発生する抵抗は、球の前後に発生する圧力差に影響されるでしょう。これは流れの「勢い」

に比例して発生するでしょう。同時に抵抗は、流体――空気や油――の「粘り気」にも影響されるはずです。

レイノルズ数

専門家は「勢い」を「慣性力」と、また「粘り気」を「粘性力」といいかえて使います。そして空気の中と油の中の測定で相似則が成り立つためには、「慣性力と粘性力の比が同じ」になっていることが必要です。

この比は無次元量で「レイノルズ数」とよばれ、通常記号R_eで表されます。そして物体の大きさ(代表的長さ)をl、流れの速度をUとすると、レイノルズ数は次のように表されます。

$$R_e = \frac{Ul}{\nu}$$

ここでνは動粘性係数とよばれ、流体の粘り気を表す数です。この値が大きいほど、流れは「ねばねば」「どろどろ」しています。

水の動粘性係数は0・01 cm^2/s(sは秒)、空気は0・15 cm^2/s、グリセリンは11・8 cm^2/sです。流体力学的には、水より空気のほうが、ねばねばしています。

レイノルズ数R_eは、動粘性係数νで割られています。したがって、レイノルズ数が大きいほど、流れは「さらさら」しています。

ただし、流れが「さらさら」しているか「どろどろ」しているかは、νだけでは決まりません。例えば同じ空気の中でも、流速Uや大きさlが小さければ、流れの「どろどろ」度が増します。粘り気のある流体を粘性流体と言います。粘性流体がかかわる相似則は、レイノルズ数だけで支配されます。二つの粘性流れが相似であるためには、両者の「レイノルズ数が一致する」ことが条件となります。

レイノルズ数を導く過程の詳細は、紙幅が必要なので、示しません。実はその種の議論は、単位を議論することだけで行われます。これは次元解析とよばれ、複雑な現象を支配するパラメータを見出すときに用いられる手法です。それは、「物理法則は必ず無次元数の間の関係として表される」、という定理に基づいています。

マッハ数

飛行力学がかかわる流れでは、相似則成立には、実はもう一つ条件が必要になります。それは二つの流れで、「マッハ数が一致する」ことです。

マッハ数とは、「流れの速度（すなわち機体の速度）Uを音速aで割ったもの」です。マッハ数も無次元量で、通常記号Mで表されます。

$$M = \frac{U}{a}$$

音速とは、流体中を「乱れが伝わる速さ」です。空気中では、秒速３４０メートルほどです。

相似則成立の条件に、なぜマッハ数が登場するか。それは流れの速度が増大すると、流体の弾性変形が流れのパターンを変え、これに起因する力が物体に加わるからです。

この力を「弾性力」とよぶことにします。相似則が成り立つためには、「慣性力と弾性力の比が同じ」になっていることも必要です。

そして慣性力と弾性力の比は、無次元数のマッハ数の2乗に比例します。このことを、先ほど触れた次元解析で確認してみましょう。

慣性力は、物体が単位時間に影響を受ける流体の運動量（通過する流体の質量と速度の積）に比例し（ニュートンの運動の第二法則）、ρl^2U^2に比例します。ρは流体密度、lは代表的長さ、Uは流速です。

一方弾性力は、流体応力と表面積（代表的長さの2乗）に比例します。応力は流体のヤング率E（応力と歪みの比）に比例しますから、

$$弾性力 \propto El^2$$

ここで$\propto$は、「比例する」という意味です。

一方音速aは、Eと流体密度ρの比の平方根に比例します。この説明にも紙幅が必要で、興味のある方は、例えば百科事典の音速の項を参照してください。結局弾性力はρa^2l^2に比例します。

したがって慣性力と弾性力の比は、次のようになります。

$$\frac{\text{慣性力}}{\text{弾性力}} \propto \frac{\rho l^2 U^2}{\rho a^2 l^2} = M^2$$

衝撃波

流れは、マッハ数によって大きな影響を受けます。まず写真を見てください（図3・6）。

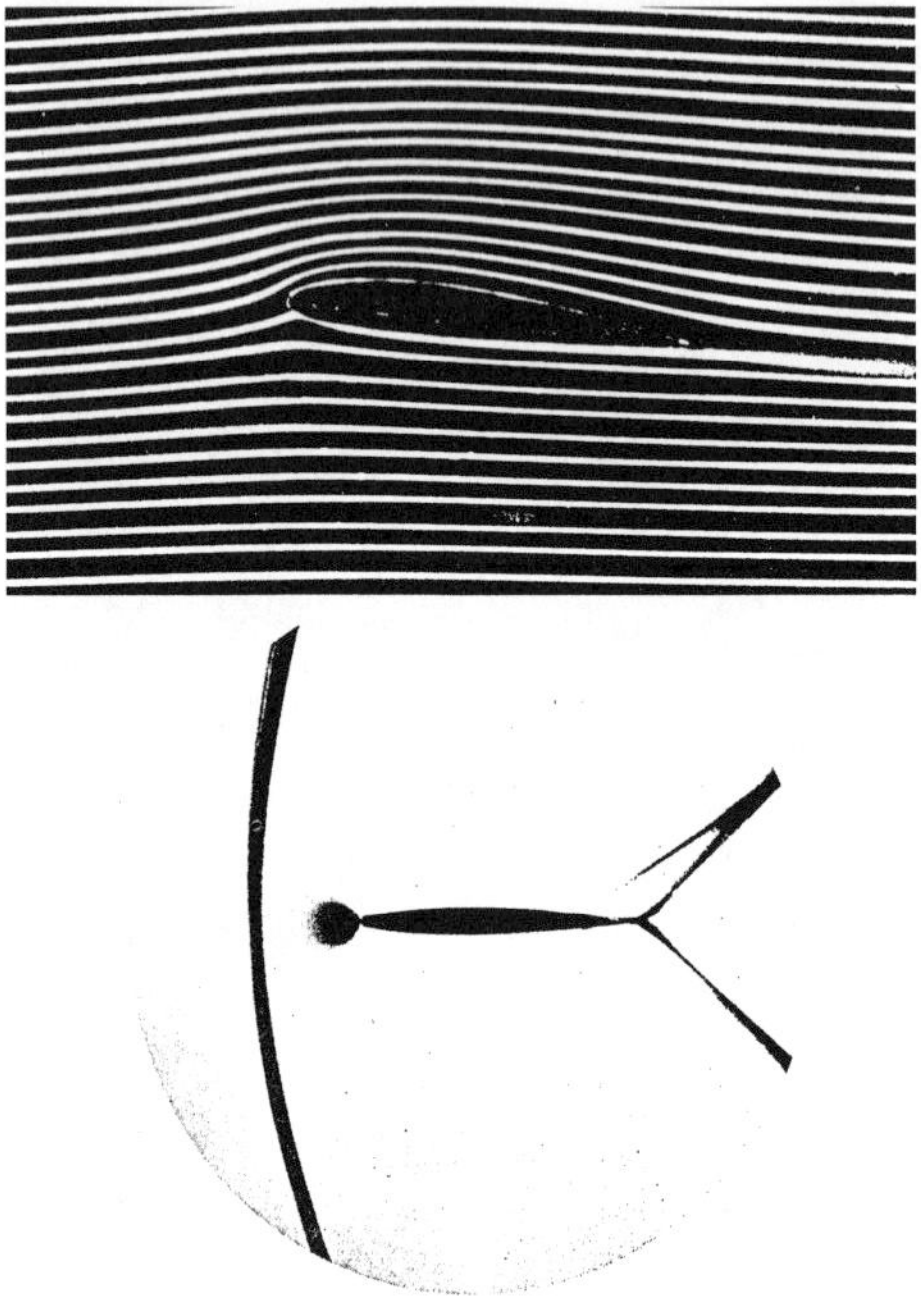

図3.6 音速より遅い流れでは，空気は縮まない（上）．流れが音速を超えると，衝撃波が現れる（下）（文献9）．

上の写真は、翼の周りの流れを煙で示したものです。流れの速さは音速よりだいぶ小さく、マッハ数が1よりずっと小さい流れです。

よく見ると、翼の上面で煙の間隔が狭まっています。それは、この速度では、空気が「縮まない」ためです。このため上面では、流れが速くなっています。こういうふうに流れを変えるのが、翼の働きです。

下の写真は、シュリーレン写真といって、流れの圧力変化（正確には密度変化）の急な部分を影で示したものです。マッハ数は1・2で、音速より少し速い流れです。

翼の前に立っている影は、衝撃波とよばれる急峻な波です。ここで流れは急激に「縮み」、波の後ろ側では圧力が急上昇しています。翼の前縁付近にも、流れが淀み、激しく縮んでいるところがあります。

後縁から上下斜めに伸びる影も、衝撃波です。二つの衝撃波の間では、流れはおおむね加速されます。ここでは流れが「伸び」、圧力は前縁から後縁に向かって減少します。

後縁から出る衝撃波のところで、流れは再び縮みます。この後ろで圧力が上がり、流れは上流の状態に戻ります。

このように流れのパターンは、マッハ数によって決定的に変化します。それを特徴づけるのは、衝撃波の存在です。

圧縮性

静止した流れの中を物体が動くと、乱れ（例えば圧力変化）は池面のさざ波のように、広がります。さざ波が広がる速さは、音速です。

さざ波は、物体から同心円で周囲に広がります。そして物体の速度が増大すると、物体の前方では、さざ波が密集します。

物体の速度が音速に達すると、あるいは物体から見て流れの速度が音速に達すると、前方のさざ波は玉突き状に蓄積し、壁を作ります。これが衝撃波です。

衝撃波は、乱れが伝わる速さ（すなわち音速）が有限なために発生します。そして音速は、流体が縮む性質があるために発生します。

流体に圧力を加えたとき、容積の縮む性質を圧縮性といいます。衝撃波は、流体に圧縮性があるために（音速が有限となって）発生します。

仮に流体が縮まないと、乱れは瞬間的に全体に伝わります。この世界の音速は無限大で、衝撃波は存在しません。

図 3.7　遷音速で飛ぶ F-14

圧縮性の影響は、飛行速度（あるいは流体速度）が大きいほど強く現れます。ただしその影響が現れる境界は、必ずしも明確ではありません。

通常の形の航空機では、マッハ数が0・5を超えると、次第に圧縮性の影響が現れてきます。理由は、このあたりから、機体まわりの流れの一部が、局所的に音速に近づくからです。

飛行速度をマッハ数で分類する場合、マッハ数0・8以下を亜音速、0・8〜1・2を遷音速、1・2以上を超音速といいます。

図3・7は、遷音速で飛ぶ戦闘機F-14トムキャットの写真です。衝撃波が海面を波立たせています。流れが膨張して（伸びて）圧力が下がる領域では、水蒸気が凝縮して雲になっています。超音速飛行では、前方の衝撃波は機体の先端にくっつき、円錐状になります。飛行機から出る乱れは、この円錐（マッハ・コーンといいます）の上流には及びません。マッハ・コーンの頂角は、マッハ数だけで決まります。マッハ数の増大とともに、頂角の尖りが増します。

速度と平面形

マッハ数は、飛行機の平面形に強い影響を与えます。図3・8を見てください。まず比較的低速を飛ぶ飛行機の例として、ロッキードC-130ハーキュリーズと川崎重工製のC-1を挙げました。いずれも輸送機で、音速よりかなり低い亜音速域を飛びます。飛行速度はC-130がマッハ0・50、C-1が0・75程度です。

次はボーイング747、いわゆるジャンボ機です。この飛行機はマッハ0・85ぐらいで飛びます。主翼に後退角がついています。遷音速域を飛ぶ飛行機の特徴です。

さらに超音速域を飛ぶ飛行機が2機示されています。上が超音速機コンコルドで、マッハ2で飛びます。下はスペース・シャトルで、飛行マッハ数は10以上になります。

このように飛行速度が大きくなるにつれ、飛行機は次第に細長くなります。それは乱暴にいえば、少しでも抵抗を減らそうとする努力の表れです。

衝撃波が発生すると、抵抗が急増します。衝撃波発生によって、機体の前後に圧力差が生じ大きな抵抗となるからです。これは造波抵抗とよばれます。

翼に衝撃波が発生し始めるのは、マッハ0・75くらいからです。これより高速で、ただし音速よ

図 3.8　速度と平面形．飛行速度が大きくなるにつれ，飛行機は次第に細長くなる．

り低い速度で飛ぶ場合、B－747のように後退角をつけます。これによって、衝撃波の発生を遅らせることができます。

速度が音速を超えると、もう衝撃波の発生を避けることができません。したがって飛行機をできるだけ細長くし、機体をマッハ・コーンの中に収めます。細長いほうが衝撃波が弱く、抵抗が小さいからです。

第4章　鳥はなぜ尾を広げ、フォークボールはなぜ落ちるか
——レイノルズ数の影響

低レイノルズ数の世界

マッハ数は、航空機の設計に広範な影響を与えています。現用航空機の飛行マッハ数は、亜音速から超音速まで、広い範囲にわたります。

これに比べると、現用機に対するレイノルズ数の影響は、相対的に小さいです。現用機にとって、大気は常に「さらさら」しているのです。後でお話ししますが、現用機のほとんどは、レイノルズ数10^7以上で飛行しています。

レイノルズ数の効率が卓越するのは、飛行速度と機体の大きさ（代表的長さ）が、ともに現用機よりずっと小さい場合です。航空関係者は、レイノルズ数が10^5程度以下であれば、それは「低レイノルズ数」だと考えます。

現在、小型無人機の開発が盛んです。しかし実用化されている機体では、まだレイノルズ数の効果は小さいようです。しかし小説の世界では、蚊のサイズの情報収集機が飛んでいます。この世界は、今後爆発的な発展が予想される世界です。

「効率よく機敏に動く超小型飛行ロボットには、縮小したトンボの形状が最適だった。長さわずか1センチ――〝蚊〟のサイズ――しかないが、蝶番《ちょうつがい》で動く2組のシリコン製の透明な羽根によって、無比の機動性を空中で発揮する」（文献10）。

そして、すでに低レイノルズ数の効果を最大限に活用している世界があります。ゴルフと野球のボールの飛行です。この世界は、空気力学者がレイノルズ数の効果を発見する以前に、学問とは独立に発展しました。

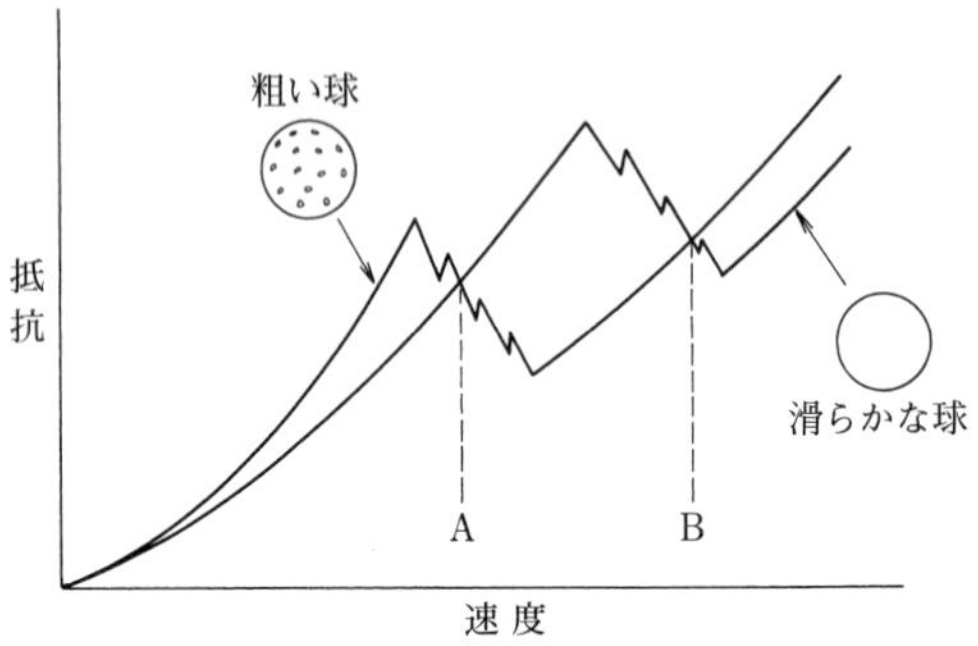

図4.1 粗い球と滑らかな球の抵抗．ある速度範囲では，表面が粗い球のほうが抵抗が小さい（文献11）．

球の抵抗

図4・1は、球（ボール）の空気抵抗を示す実験結果です。縦軸は抵抗の生の値、横軸は速度です。

図には、2種類の球の抵抗が示されています。一つは「滑らかな球」で、表面はつるつるに磨かれています。もう一つは「粗い球」で、表面に砂のようなものが吹き付けられています。あるいはゴルフボールのように、表面に凸凹のある球を想像していただいてもよいです。

図のAからBの速度範囲では、「粗い球のほうが抵抗が小さい」という現象が起きます。実験結果を見ると、いずれの場合も、球の抵抗は、最初速度とともに増加します。しかしある速度から抵抗は一度急激に減り、その後再び増加に転じます。

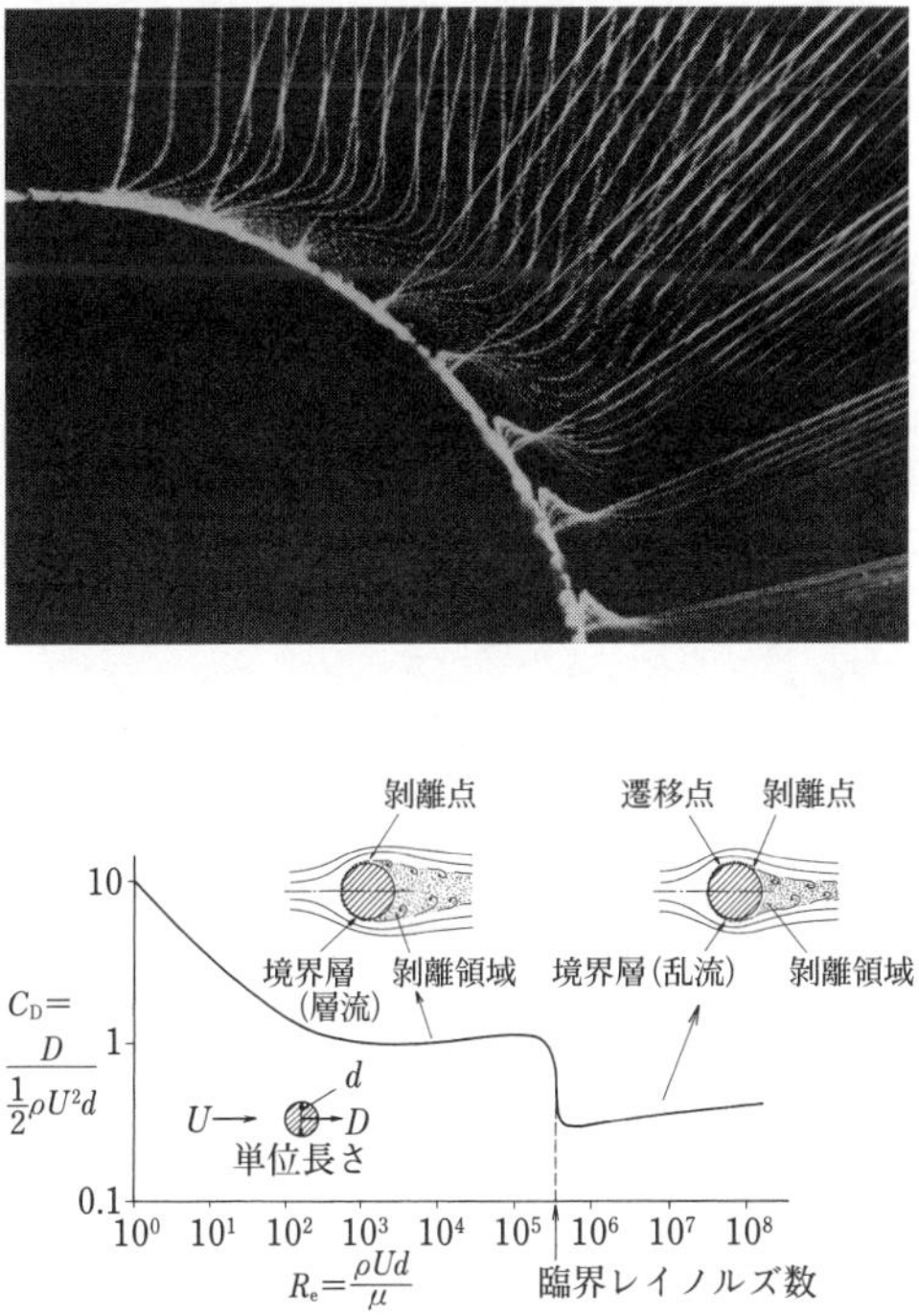

図 4.2　円柱表面の流れと抵抗係数．上はレイノルズ数 1.2×10^3 の状態（文献 9），下は抵抗係数とレイノルズ数の関係（文献 12）．あるレイノルズ数を境に，抵抗係数は急減する．

これは、流れが球から剥離するときの位置の影響で起きます。剥離の様子は、球より円柱のほうが、よく研究されています。ここで、まず円柱まわりの流れを観察しましょう。

図4・2の上は、円

柱表面の流れの様子を拡大して示したものです。円柱から放射状に張られた8本の電極線から（直線に映っています）水素気泡をパルス的に発生させ、流れの様子を示しています。

円柱まわりの流れ

円柱表面の流れに着目すると、上流から電極線の4本目あたりまで、円柱近くの流れは滑らかです。流体力学では「境界層は層流である」といいます。

一般に流体は粘性（粘り気）のために、物体と接している境界上では止まっています。流体は境界の壁にへばりついていて、そこの流体速度はゼロです。

しかし少し境界から離れると、速度は、外側の本来の速度に達します。このように物体のほんの少し外側には、流速が（外側より）小さくなっている部分があります。ここを「境界層」といいます。

境界層の中では、流れが「層流」の場合と「乱流」の場合の2通りがあります。層流とは、「全体がそろった、滑らかな流れ」です。これに対し乱流とは、文字通り「乱れた流れ」です。

図4・3を見てください。この写真は、平板近くの流れの様子を示したものです。平板に密着して煙の幕を這わせ、流れの様子を示したものです。

境界層は最初層流です。これが途中から乱流に変わります。「遷移する」などといいます。平板に沿う境界層では、平板前縁からの距離を使ったレイノルズ数が10^5となる付近で、流れは層流から乱流に遷移します。

この10^5というレイノルズ数を、記憶にとどめてください。層流境界層から乱流境界層へ遷移が起こるレイノルズ数を、一般に「臨界レイノルズ数」といいます。

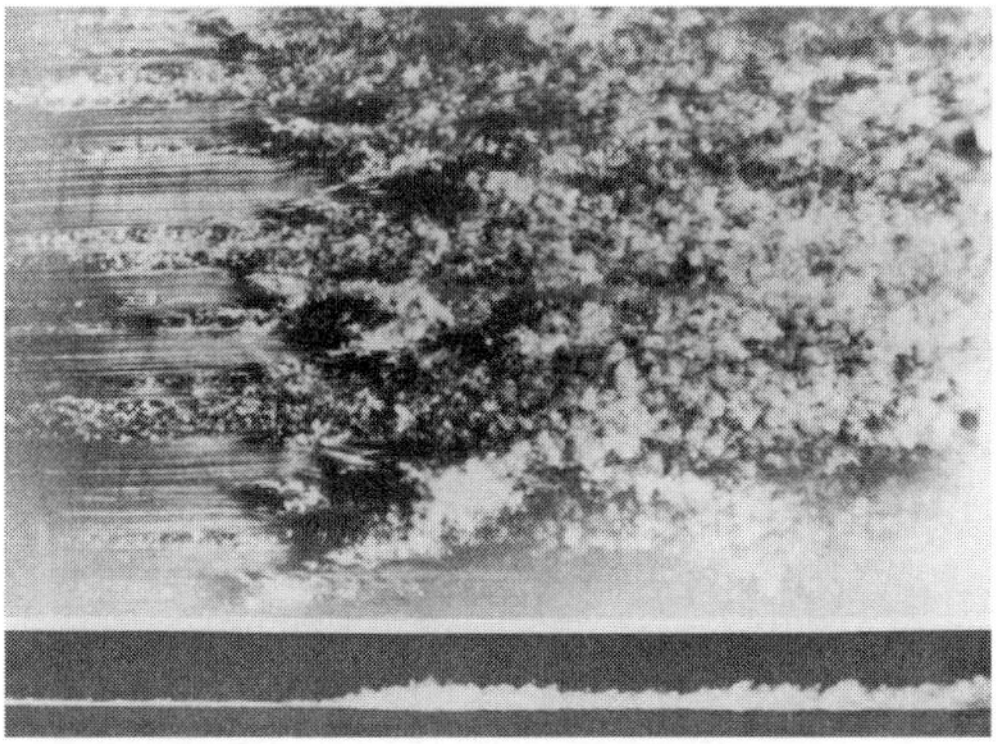

図 4.3 平板に沿う流れの境界層．上は上方から，下は側方から撮った写真．前縁からの距離を使ったレイノルズ数が 10^5 付近で，流れは層流から乱流へ遷移する（文献 9）．

図4・2の円柱表面の流れに戻りましょう。上流から4本目あたりの電極線まで、円柱近くの境界層の流れは層流でした。4本目以降は、境界層の流れに逆流部分が発生しています。普通逆流が起こると、流体力学では、もう境界層とはよばないようです。

写真では、逆流部分の流れもきれいに映っています。この流れの分布が時間変化していなければ層流、時間変化していれば乱流です。

剝離点の移動

図4・2の写真のレイノルズ数は、10^3です。こ

の状態から流速が増して、あるレイノルズ数を超えると、剥離を起こす位置（剥離点）が後方に移動し、その下流側が乱流になります。このとき乱された流れ（後流）の幅が狭まり、抵抗が急減します。

抵抗が減少する理由は、圧力差です。剥離した後流側の圧力は、上流側に比べ低くなります。したがって後流の幅が狭くなったほうが、抵抗が小さいのです。

このような抵抗急減の起こるレイノルズ数も、「臨界レイノルズ数」といいます。円柱の臨界レイノルズ数は、10^5から10^6の間にあります。

円柱の抵抗とレイノルズ数の関係を、図4・2の下側に示します。縦軸の抵抗係数は、単位幅あたりに発生する抵抗を、動圧と正面面積（$d\times1$）で無次元化したものです。

図4・1に示した球の抵抗変化も、円柱の場合と同じように、剥離点の移動で起きます。ただし、剥離点の移動が、滑らかな球と粗い球で異なります。

滑らかな球では、境界層は層流のまま剥離します。この状態では、後流は縮まりません。しかし速度が増すと（レイノルズ数が大きくなると）、層流で剥離した流れが乱流に変わり、直後に付着します。このため剥離点が下流に下がり、後流の幅が狭まって抵抗が減ります。

一方粗い球では、境界層は最初から乱流です。表面が、砂や凸凹で乱されているためです。すると剥離も、乱流境界層で起きます。

このときには、剥離点の下流への移動が、より低い速度で起きます。このため抵抗急減が、より低い速度で起きます。ここが粗い球の特徴です。

ゴルフボール

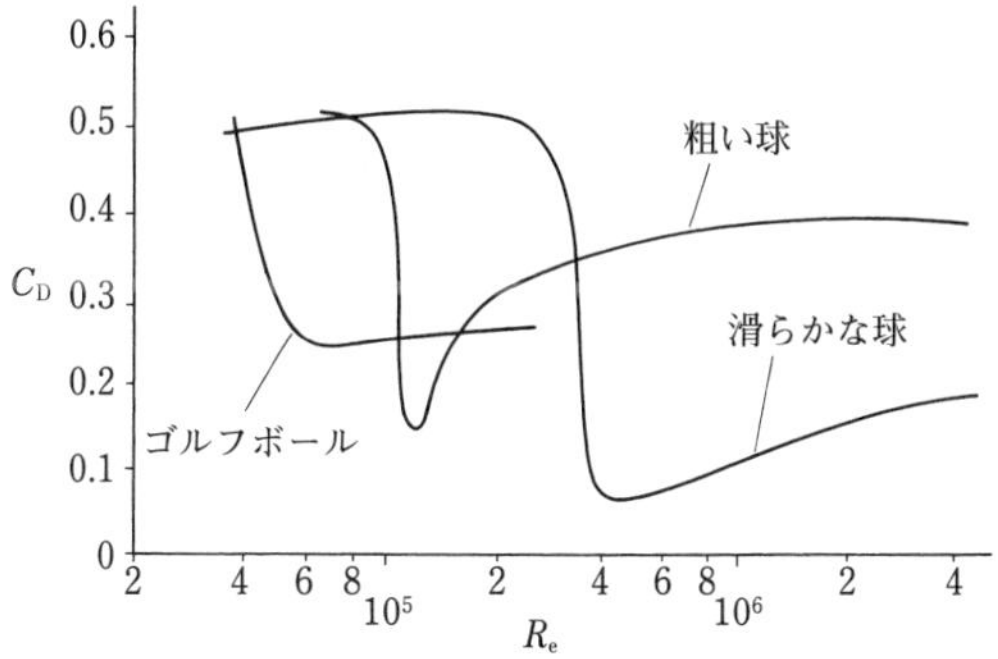

図 4.4　いろいろな球の抵抗係数（文献 11）.

この球の抵抗を、動圧と適当な基準面積（例えば正面面積）で無次元化すると、球の抵抗係数が得られます。この形はどうなるか。

抵抗係数は、速度が低いときは、ほぼ一定です。これがあるレイノルズ数で急減し、その後再び、ほぼ一定となります。一例を図4・4に示します。

球の場合、抵抗急減が起こる臨界レイノルズ数は、滑らかな球では 4×10^5 くらいです。この値は円柱に似ています。表面を粗くすると、臨界レイノルズ数は小さくなります。そしてゴルフボールのように、表面が凸凹でさらに粗い場合、一桁小さい 4×10^4 あたりで抵抗急減が起きます。

このように表面を粗くすることは、大ざっぱには、流れのレイノルズ数を「等価的に大きくする」効果があります。いい換えれば、「ねばねばした流れをさらさらにする」効果があります。この性質が、ゴルフボールに利用されています。

歴史的にはゴルフボールは、最初はつるつる球であったようです。それがあるとき、傷をつけると長く飛ぶことがわかりました。この後、さらに工夫が加えられ、いまのゴルフボールができあがりました。

現在のゴルフボールは、全速度域で（プロから初心者が打つ速度範囲で）、凸凹をつけたボールのほうが、抵抗が小さいそうです。

現在のゴルフボールを、同じ大きさ同じ重さで周りがつるつるしたボールと比較すると、飛ぶ距離は4倍ほど違うそうです。

野球ボール

野球ボールについては、ラビンドラ・D・メイタが「スポーツ・ボールの空気力学」という論文を学術誌に書いています（文献13）。メイタはNASA（アメリカ航空宇宙局）の空気力学者でした。メイタによると、野球ボールの典型的レイノルズ数は1・5×10^5です。メイタは野球ボールの運動が、「ガバー（ボールを覆う物）の空気力学から発している」、と考えています。

「野球ボールのガバーは、二つの砂時計形の白い革からなり、これが1列約216の縫い目で縫い合わされている」。以下に、野球ボールの空気力学に関するメイタ論文のハイライトをご紹介します。

「カーブボール（米国流の落差のあるカーブ）は、水平軸まわりにトップスピンをかけて放される。スピンにより、ボールに接した空気が粘性（粘り気）で引きずられる」

「その結果、ボールまわりに回転する流れ（専門用語では循環、サーキュレーション）が生じ、揚力が発生する。これは一般に、マグヌス効果とよばれる」

「トップスピンによる揚力は、下向きに発生する。これが、重力の作用に加え、さらにボールを下方に曲げる」

「ピッチャーは、腕と手首の角度を変えて、いろいろな軸まわりにスピンを与える。これによって、いろいろな曲がり方のボールが生まれる」

「スピン率は最大毎秒30回転程度、速度は最大毎秒45メートル程度である」

カーブとフォーク

これに対しフォークボールは、スピンさせずに放されます。このとき、「縫い目の位置によって、境界層の剝離が非対称になり、球が揺れる」。

まず写真（図4・5）を見てください。いずれもボールまわりの流れを、風洞内で煙で示したも

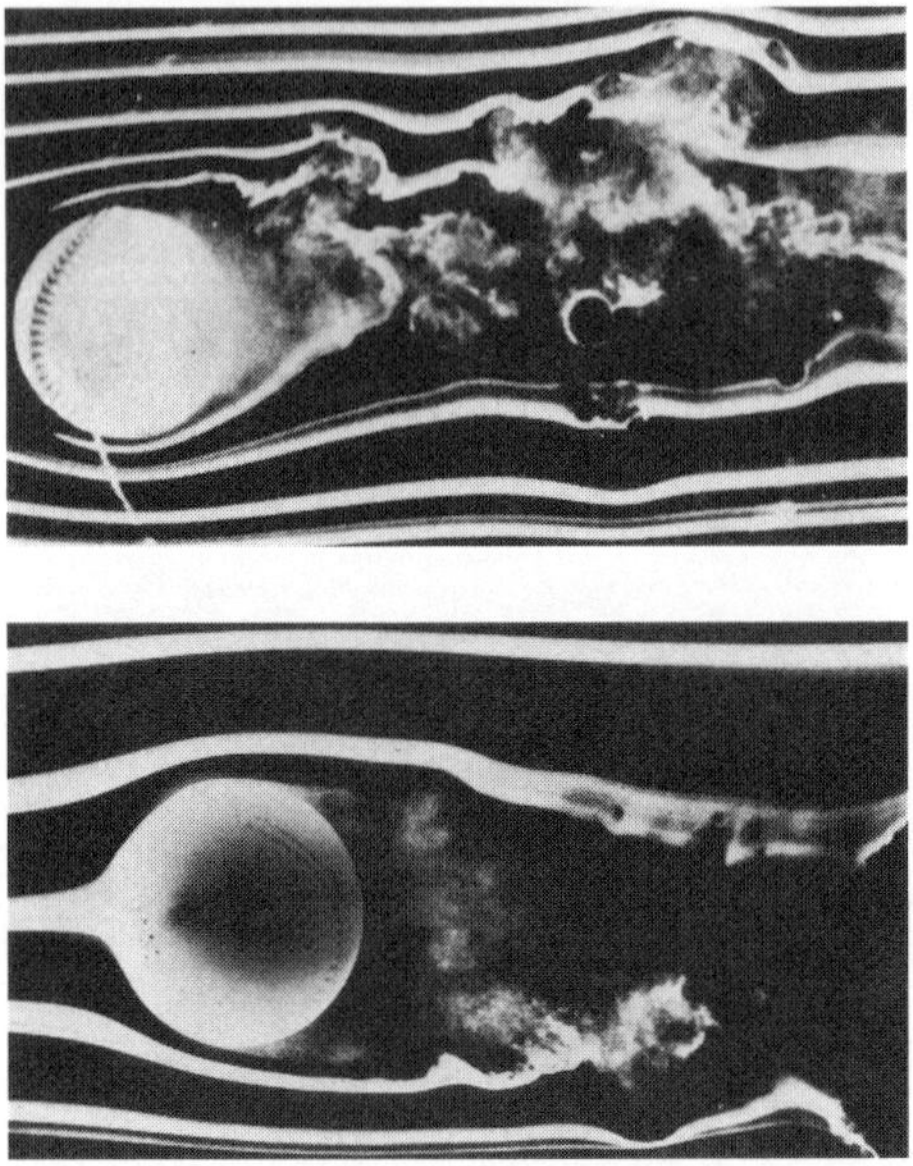

図 4.5　上はカーブボールまわりの流れ．ボールの回転で後流が曲がる．下はフォークボールまわりの流れ．縫い目の位置によって剥離が上下非対称に起こり後流が曲がる（文献 13）．

のです。

上は、回転するボールのまわりの流れの様子を示します。風は左から右に、秒速21メートルで吹いています。ボールは反時計回りに、毎秒15回転しています。

煙は、ボールの下側で密になっています。そこの圧力が下がり、ボールは下向きの力を得ます。後流は、ボールの背後に回り込んでいます。すなわち、流れは臨界レイノルズ数を超えています。

一方下の写真は、スピンしないボールの流れの様子を示したものです。ボールの上側では、縫い目のために、境界層が乱流に遷移して剥離しています。下側では、その少し上流で層流段階で剥離しています。このため剥離が上下非対称となり、流れは下向きに曲がります。写真の場合は、ボールは上向きの力を得ます。

原論文では、ナックルボールという表現が使われています。日本ではフォークボールのほうがポピュラーなので、ここではこの語を使います。ナックルもフォークも、ほとんど回転しないボールです。ただしナックルのほうが、ボールが落ちるとき、不規則に揺れるというニュアンスがあります。

ブリッグスの実験

カーブボールとスピン率（ボールの回転数）の関係について、メイタはブリッグスの実験（文献14）を紹介しています。

ブリッグスは、ボールを垂直な軸まわりに回転させ、これを風洞内で作られる水平な風の中に落としました。この結果から、横の移動距離がスピン率に比例すること、また風速の2乗に比例することを確かめました。

メイタはブリッグスの結果を、次のように要約しています。

「スピンをかけたとき、ボールの速度が秒速20メートル以上で40メートル以下、スピン率が毎秒20回転以上で30回転以下のとき、ボールの曲がり（横方向の移動距離）はスピン率に比例する」

さらにメイタは、空気力によるボールの曲がりが、「ボールの速度に依存しない」ことを指摘しています。

例えば速度が2倍になると、曲げる力は4倍に、しかしホームベースに到達する時間は半分に、なります。曲がる距離は、到達時間の2乗と曲げる力の積に比例します。結局曲がりは速度に依存しません。もちろん、重力による曲がりはこの限りではありません。

メイタはブリッグスの結果を用い、曲がりを計算しています。速度が秒速23メートル、距離18・3メートル（60フィート）のとき、スピン率毎秒20回転で曲がりは28センチ、30回転で43センチでした。

後者の場合、軌道に直角に働く力Fとボール重量mg（mはボール質量、gは重力加速度）との比F/mgは、約0・2でした。すなわちカーブボールの場合、スピンによって発生する空気力は、重力の0・2倍（すなわち2割）程度ということになります。

ただしカーブボールの場合、スピンのほかに、重力による曲がりが加わります。最終的な曲がりは、もっとずっと大きくなります。

ウォッツとソーヤーの実験

フォークボール（原論文ではナックルボール）について、メイタは、ウォッツとソーヤーの実験（文献15）を紹介しています。

ウォッツとソーヤーは、ボールに働く「不規則な力」について調べました。風洞内で野球ボールにいろいろな姿勢を与え、発生する力と縫い目の位置の関係を測定しました。

ボールの姿勢は、図4・6のϕで定義されました。ϕはボール対称面と風のなす角です。風洞内で、ϕが0〜360度の間の値をとれるようになっていました。

風速は秒速21メートルで、ボールに発生する横力Fが測定されました。結果は、F／mgとϕの関係として整理されています。

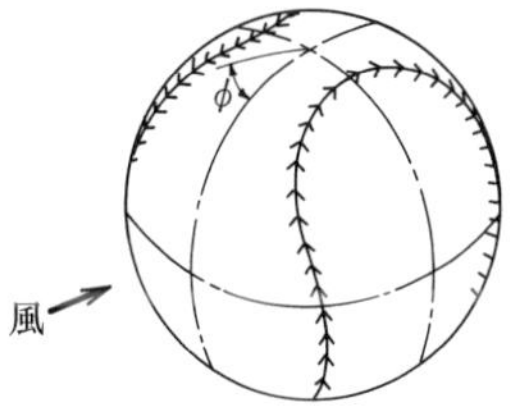

ϕはボール対称面と風のなす角．上はϕ＝0の状態

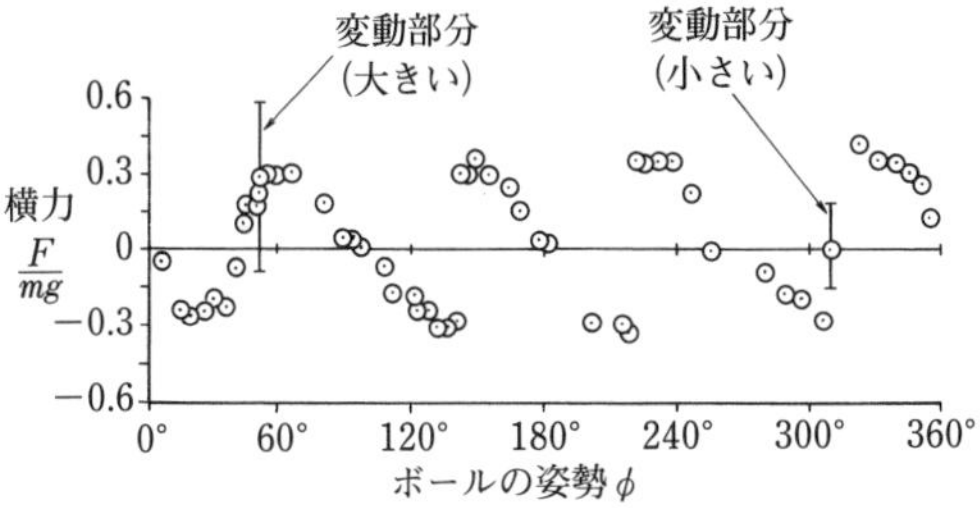

図4.6　フォークボールの秘密．ボールの姿勢（すなわちϕの値）によってボールに働く力が変化する．例えばϕが50°の場合，ボールには重量の約3割の力に，さらに不規則に変動する重量の約3割の力が加わる（文献15）．

例えばϕが0度では、F/mgはゼロです。しかしϕが50度のとき、F/mgの平均値は約0・3となります。しかもそこでは、さらに不規則な乱れが発生しています。

その大きさは、F/mgにして片側0・3ほどにもなります。乱れが不規則ということは、その力が予測できないことを意味します。

このことは、正の（平均値と同じ方向の）乱れが発生した場合、F/mgは最大約0・6に達することを意味します。すなわち、軌道の垂直方向に発生する力は、カーブボールに比べ最大3倍程度になります。

ボールが揺れる理由

この種の大きな不規則横力は、ϕが140度、220度、310度でも観察されます。「横力の不規則な変化は、剥離点が縫い目の前後に（交互に）移動し続けることによって起こる。ϕが50度、140度、220度、310度のとき、きわめて再現性がよい」

このような大きな乱れは、「ボールの縫い目が、境界層の剥離が起こる点（風に対し頂角が約110度のところ）にほぼ一致したときに起こる」

剥離点は、縫い目の前から後ろへ、あるいは後ろから前へ、「ジャンプする」のが観察されるそうです。これによって非定常な（時間変化する）流れの場が形成されます。乱れの振動数は1ヘルツ（毎秒1回）程度だそうです。

このような乱れが（1秒1回程度の速さで）起こる間に、ボールは曲がります。しかも発生する力が不規則なので、曲がりは一様ではありません。

横力も「ほぼ風速の2乗に比例する」そうです。したがってフォークボールの曲がりも、前と同じ理由により、ボールの速度と本質的に無関係になります。

皆さんは、フォークボールの曲がりが、カーブボールの曲がりより大きいことをご存知です。かねて私は、回転しないフォークボールがなぜ大きく曲がるのか、不思議に思っていました。ウォッツとソーヤーの実験は、その秘密を解明しているように思えます。

ただしそれは、フォークボールが落ちる理由の、一部なのではないかと思います。なぜならスロー・ビデオで見る限り、フォークボールも回転しているからです。全く回転しないボールを投げるのは、困難なようです。

ゆっくり回転するボールの縫い目を、打者にとって最も不利な位置にもってくるように投げる。それが、魔球の投球術ではないでしょうか。

レイノルズ数の計算

ここで、前章の冒頭の疑問に戻りましょう。アマツバメはなぜ、低速で尾を広げるのでしょうか。

鳥や模型飛行機の飛行では、レイノルズ数が利いているに違いありません。準備として、飛行機のレイノルズ数 $R_e = Ul/\nu$ の計算から始めましょう。

空気の動粘性係数 ν は、0・15 cm^2/sでした。飛行機や鳥で個々に違うのは、速度 U と代表的長さ l です。l として代表的翼弦（平均空力翼弦）を用いることにします。

例えばボーイング747ジャンボの代表的翼弦長は、8・32メートル（832センチ）です。速度を秒速200メートル（秒速2万センチ）とすると、レイノルズ数 R_e は、1・11×10^8 になります。大きさがジャンボ機より1桁小さい飛行機でも、レイノルズ数は 10^7 程度です。

一方模型飛行機は、代表的翼弦長が5センチくらい、速度は秒速5メートル（秒速500センチ）くらいです。このときレイノルズ数は、1・66×10^4 になります。鳥のレイノルズ数も、この程度と推測されます。

ついでに野球ボールについても、レイノルズ数を計算してみましょう。ボールの直径は7・23センチです。速度は秒速40メートル（秒速4千センチ）とすると、レイノルズ数は1・93×10^5 になります。すなわち野球ボールのレイノルズ数は、10^5 程度です。

レイノルズ数 10^5 の意味

先に、平板に沿う流れの写真を示しました（図4・3）。このとき境界層内の流れは、レイノルズ数が10^5付近で、層流から乱流へ遷移することをお話しました。

実物の飛行機の翼は、代表的長さlを翼弦にとった場合、レイノルズ数は通常、10^6より大きくなります。

したがって実機の翼の境界層は、基本的に乱流です。最初の前縁部は層流ですが、翼の最大厚さ近くで乱流に変わります。

一方模型飛行機や鳥のレイノルズ数は、10^4程度です。このため境界層の中の流れは、層流になっています。

このように模型飛行機や鳥は、実機とは本質的に性質の違う流れの中を飛んでいます。その違いが、翼の前縁の違い（尖った前縁、図3・2）に現れる、と私は考えています。違いを分ける境界は、レイノルズ数10^5付近です。

ちなみに円柱の抵抗係数の急変は、レイノルズ数10^5より少し大きいところで起きます（図4・2）。球の抵抗係数の急変も、表面の粗さの違いで、レイノルズ数10^5前後で起きます（図4・4）。野球ボールのレイノルズ数も、10^5付近にあります。

このようにレイノルズ数10^5は、「遅い流れ」（低レイノルズ数）の飛行力学の入口ともいえる指標です。

音速を超える飛行では、衝撃波が発生し、流れのパターンが一変しました。その境界を象徴的に示すのは、マッハ数Mが1の飛行でした。ここを超えると、流れの圧縮性の影響が顕著に表れます。

一方速度と大きさが小さくなると、機体に密着している流れ（境界層）が次第に滑らか（層流）になり、流れが「どろどろ」してきます。

その変化の境界を象徴的に示すのが、レイノルズ数R_eが10^5の飛行です。ここより低速側では、流れの粘り気（粘性）の影響が卓越するようになります。

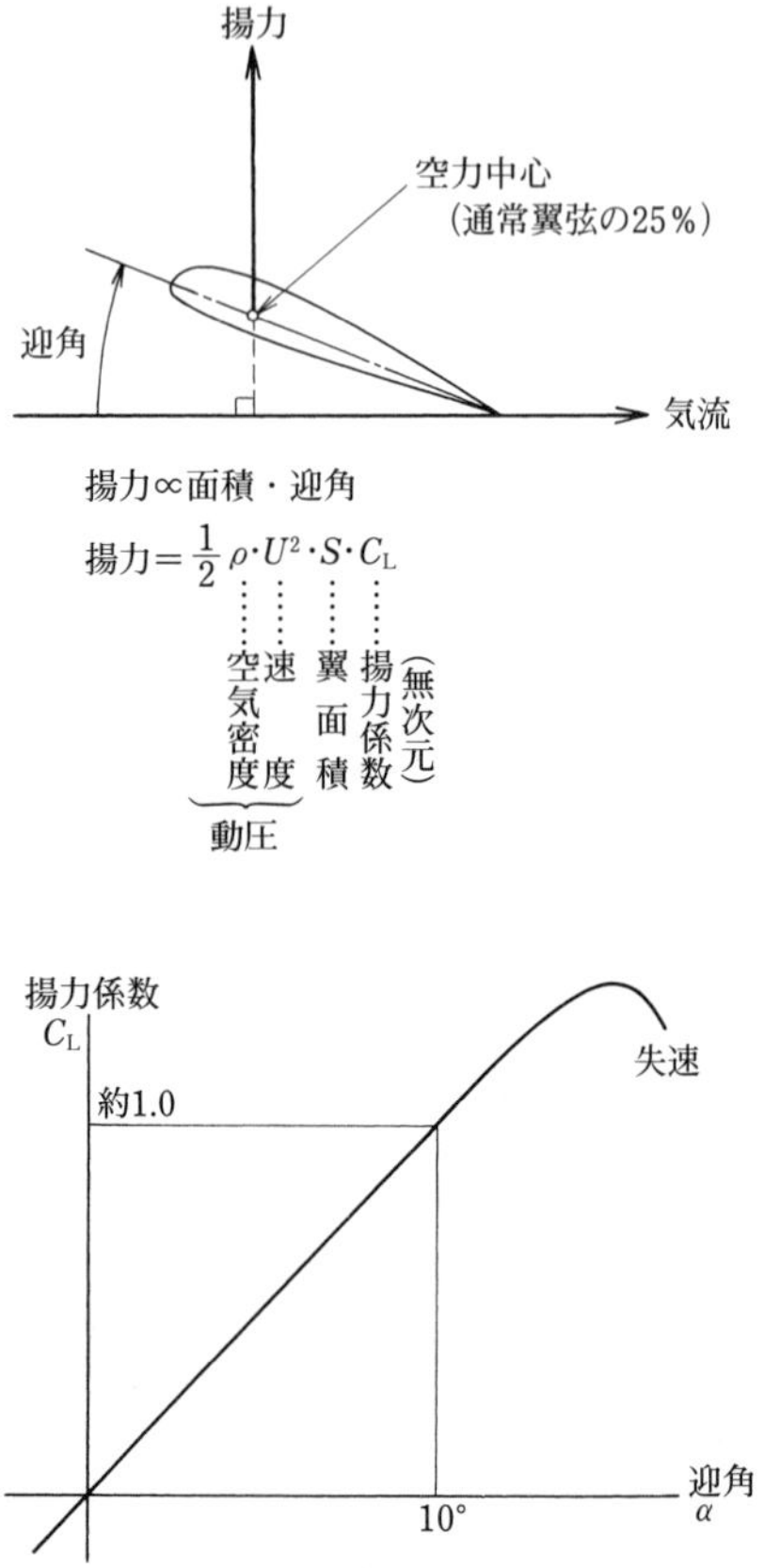

図 4.7　翼の特性

揚力係数C_L対迎角αの関係

ここからは、亜音速の流れだけを考えることにします。すなわち、流れのマッハ数Mは、1に比べ小さいとします。

このとき揚力係数C_Lと迎角αの関係は、レイノルズ数R_eだけの影響を受けます。揚力係数と、それにかかわる諸量の意味を、改めて図4・7の上に示します。揚力係数C_Lは、特定のレイノルズ数では、翼の形状と翼が流れとなす角度だけで決まります。この角度は迎角とよばれ、通常記号αで表します。

揚力係数C_Lと迎角αの関係は、通常図4・7の下のようになります。迎角αを増すと、揚力係数C_Lは増加します。しかし迎角がある角度に達すると、翼面から流れの剝離が始まります。これを失速といいます。以後C_Lの増加は止まります。

実機の翼の特性

まず実験結果を見ていただきましょう。図4・8を見てください。

この図は三つの翼の断面特性を示します。断面特性とは、翼幅が十分大きい翼の、単位翼幅あたりの特性をいいます。空気力学では「二次元翼」とよばれます。

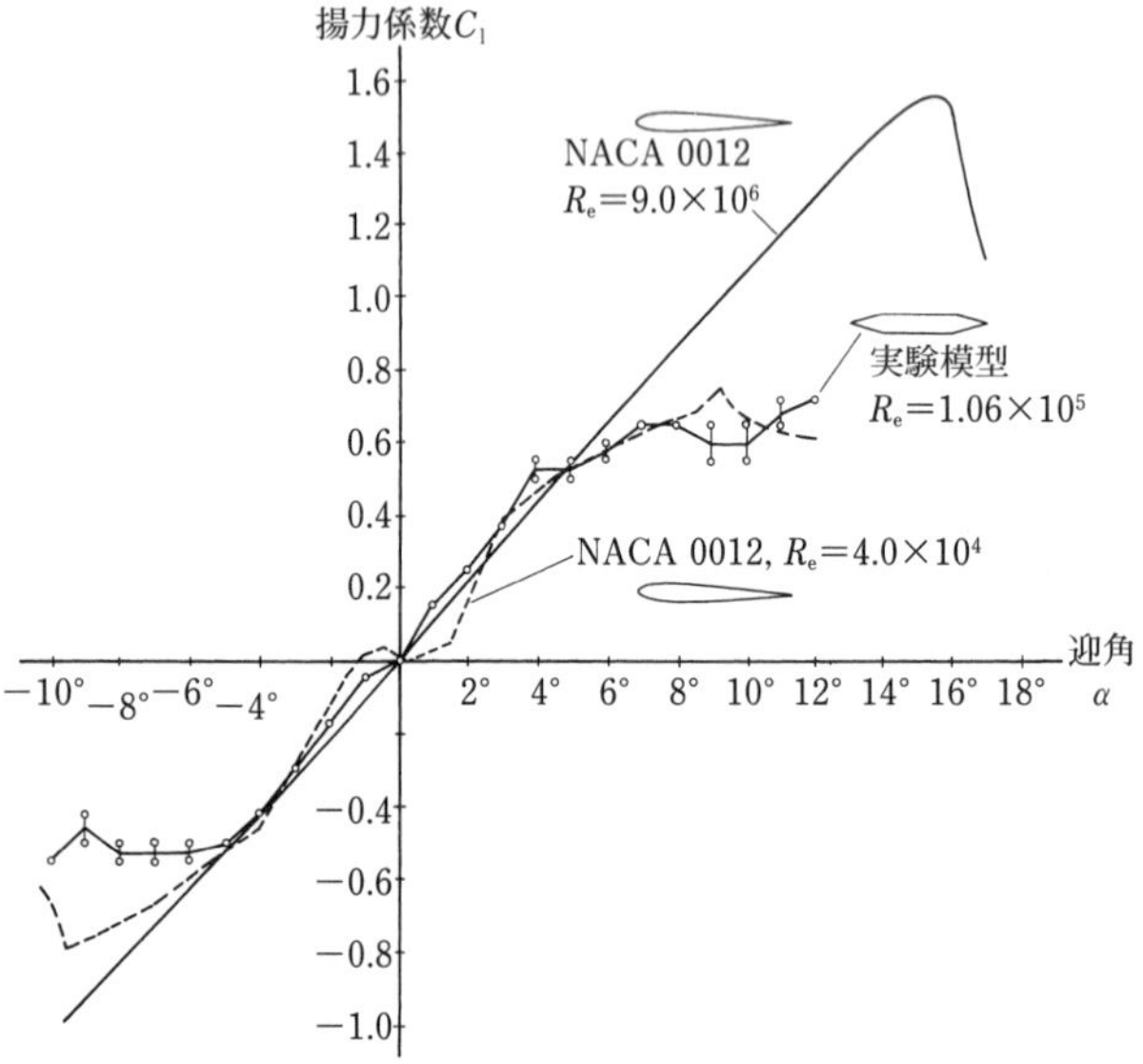

図 4.8　レイノルズ数が小さい翼は性能が悪い．失速迎角は小さく，最大揚力係数も小さい（文献 16, 17, 18）．

細かい話で恐縮ですが、図の縦軸（揚力係数）は、C_LでなくC_lとなっています。添字を小文字のlにしたのは、翼が二次元翼であることを強調するためです。同じ表記は、後の図4・10、図4・11でも使われます。

図4・8には、3本の線が示されています。1番上の太い線は、前縁が丸い普通の翼型の特性の一つです。実物の飛行機の翼の、典型的特性と考えてください。

これはNACA0012とよばれる翼の特性です。0012の意味は、翼厚が翼弦長の12％で、「反り」（キャンバーということ）がない（断面が上下対称）ということです。

レイノルズ数R_eは9×10^6、すなわち約10^7です。これは飛行速度が速い（実機に近い）場合の特性です。このときC_Lの最大値（最大揚力係数）は1・6くらいです。実機の翼は、16度くらいの迎角まで失速しません。

レイノルズ数の影響

一方速度が遅く、あるいは翼が小さい場合、その特性は点線で示したもののように変化します。点線は、レイノルズ数が4×10^4のときの0012翼の特性です。

これは同じ翼型を、模型飛行機のような遅い速度で飛ばせたときの特性です。最大揚力係数は、辛うじて0・7くらいで、ずいぶん小さくなっています。非常に小さい迎角（6度くらい）から、失速が始まっているようです。

二つの特性の差は、「速度と大きさの違い」によって現れます。それを一つの数字で示すのが、図中にR_eと書かれたレイノルズ数です。

図4・8には、もう一つの翼特性が示されています。丸印のついた実線で示されたものです。これは、ダブル・ウェッジ翼（両くさび翼）についての実験結果です。尖った翼の実験結果の一例で、煙風洞で測定したものです。

普通の風洞は、模型飛行機の実験にはあまり役に立ちません。流速や模型が小さいと、発生する力が小さいからです。

例えばハンドランチ機の重量は20グラム、紙ヒコーキのそれは5グラムぐらいです。したがって翼も、その程度の揚力しか発生しません。これでは普通の風洞は使えません。力を測定する秤が、役に立たないからです。それは体重計で封筒の目方を測るようなものです。

尖った翼の利点

このようなとき、煙風洞とよばれる特殊な装置が役立ちます。翼のまわりに煙を流し、煙の曲がる角度から翼に働く力を逆算するのです（図4・9）。

煙は終始動きます。このため必ずしも高い精度の実験はできません。しかし、流れの様子を「見る」ことができる利点があります。この実験では、翼弦長8センチの翼が使われています。流速は秒速5メートルです。

図4・9を、よく見てください。尖った前縁から剥離した流れが、また翼面に戻っています。専門家は、「再付着する」などといいます。

低レイノルズ数におけるダブル・ウェッジ翼の特性と0012翼の特性は、よく似ています。しかし、迎角変化に対する揚力係数の変化の仕方は、くさび翼のほうが優れていると思います。

これは、尖った翼の利点を示唆する実験結果の一つと、私は考えています。

なぜ前縁が尖っているほうがよいか、正確なことはわかりません。しかし私の経験から言えることは、「前縁を尖らせたほうが、ハンドランチ機は圧倒的によく飛ぶ」、ということです。

例えば、よく飛んでいるハンドランチ機があります。この機の翼の前縁を、鑢《やすり》で少し削って、丸味を与えます。すると、決して上昇しなくなります。

私は、前縁を尖らすことの効果は、翼面上の流れの安定化（再付着）に役立っていると考えます。前縁が丸いと、尖っている場合より、剥離が不安定に起こるのではないでしょうか。特に失速角付近で。

迎角4°

迎角2°

図 4.9 両くさび翼の煙風洞での実験．小さいレイノルズ数では，前縁は尖っていたほうが性能がよい（文献 18）．

鳥や模型飛行機の翼の特性

10^4～10^5のような低レイノルズ数における翼の特性は、ほとんど研究されていません。実験結果も限られています。私は、入手できた低レイノルズ数の翼型データから、低レイノルズ数における翼の特性を、図4・10のように推測しています。

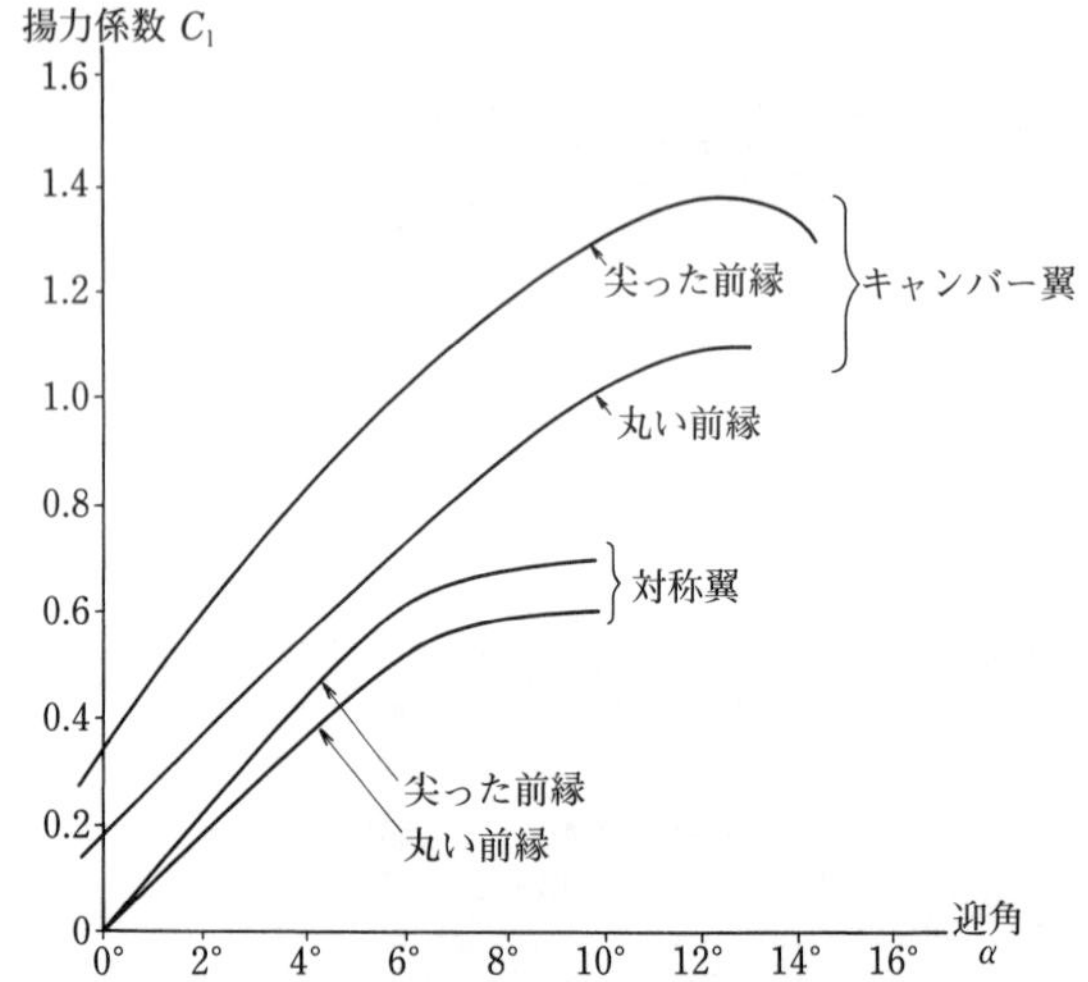

図 4.10　レイノルズ数 10^5 付近における推定特性（文献 3）.

　では、紙ヒコーキやハンドランチ機のような翼の特性を、どう考えたらよいでしょうか。

　紙ヒコーキの翼は、構造上大きなキャンバー（翼の反《そ》り）はつけられません。またハンドランチ機の翼は、下面がほとんど平らです。これは工作精度上の理由と、下面を削ることが強度（特に翼根部の強度）を弱めるため、と考えられます。

　したがって紙ヒコーキやハンドランチ機の翼の特性は、図4・10の尖った対称翼と尖ったキャンバー翼の、中間程度ではないでしょうか。

　結論を言えば、私は、紙ヒコーキやハンドランチ機の翼の揚力特性は、図4・11の実線のようなものではないかと推測しています。

尖った翼の特性

図４・11の実線は、模型機製作の名人たちが作る、レイノルズ数が10^4〜10^5程度のときの、尖った翼の特性です。揚力係数０・７くらいから失速が始まり、最大揚力係数は０・９ぐらい、と考えています。

そして多分、鳥の翼の揚力特性も、似たようなものではないでしょうか。日本選手権クラスの翼は、少なくとも滑空に関しては、鳥に近い状態に達しているのではないか、と私は推測しています。

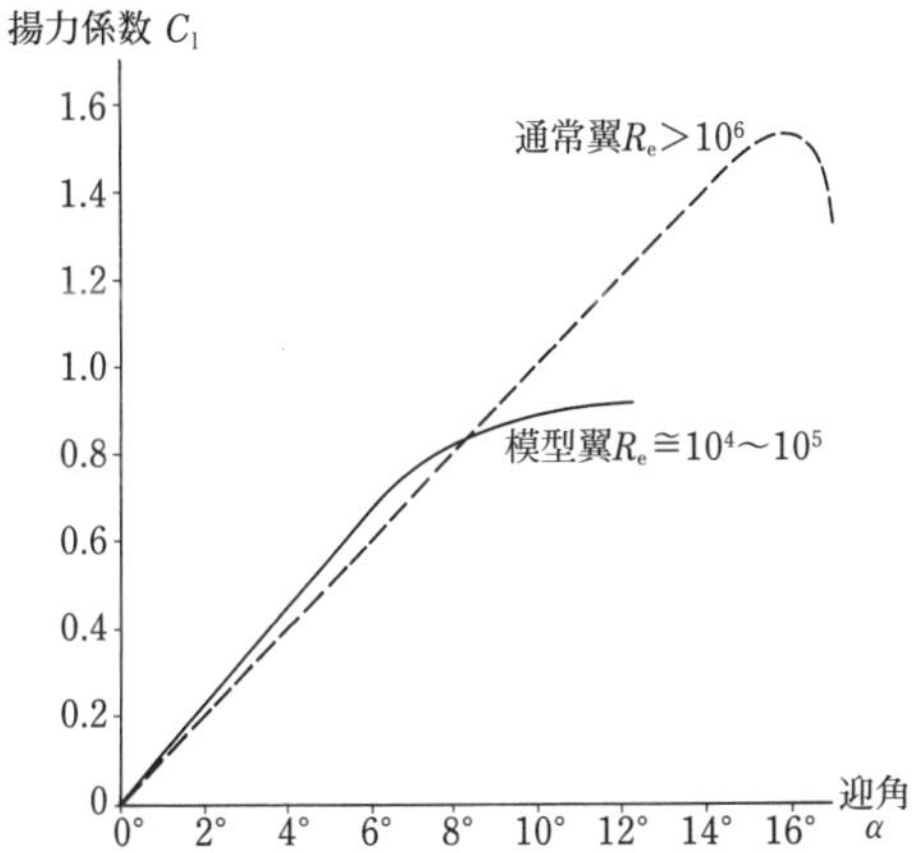

図 4.11　紙ヒコーキ，ハンドランチ機の翼特性．揚力係数 0.7 くらいから失速がはじまり，最大揚力係数は 0.9 ぐらいと推測される．

一方図４・11の点線は、実機の通常翼の特性です。両者の決定的な違いは最大揚力係数である、と私は考えます。

実機では、大きな迎角まで失速（流れの剥離）が起きません。しかし模型飛行機や鳥では、小さい迎角で失速が起きてしまいます。

ちなみに私が模型飛行機という場合、私はそれを、自分が経験したハンドランチ機や、紙ヒコーキのサイズの機体の意味で使っています。

これより大きい（例えば翼幅が1メートル程度の）クラスの機体では、使用する翼断面が変わり、揚力特性も変わってきます。そこにはまた、別の世界があるように思えます。

小人宇宙人の操縦

さてここで、いささか唐突ですが、「最適な飛び方」というのをお目にかけたいと思います。正しくは、最適な滑空の仕方です。これによって鳥や、私のいう模型飛行機の飛び方の理由が明らかになります。

さしあたり、図4・11のような揚力に関する制限は、忘れていただきます。飛行機は、どのような揚力係数でも、自由に使って飛べるとします。そのとき、滑空に最適な揚力係数はどうなるか。これは、大型コンピューターを使って行った摸擬飛行実験です。大学に在職時、大学院生に頼んで行った計算です。これは最適制御という分野に属する計算です。

私が大学院生に頼んだのは、次のような計算でした。

「ハンドランチ機に、超小人の宇宙人が乗っている。この宇宙人は、機体の迎角を思うままにコントロールできるとする。したがっていついかなるときも、飛行機を望む揚力係数に制御して飛ぶことができる。このとき飛行機を最も長い『距離』飛ばすには、迎角をどのように変化させればよいか。また飛行機を最も長い『時間』飛ばすには、迎角をどのように変化させればよいか」

ハンドランチ機は、秒速30メートルで水平に投げるとしました。ハンドランチ機の諸元としては、

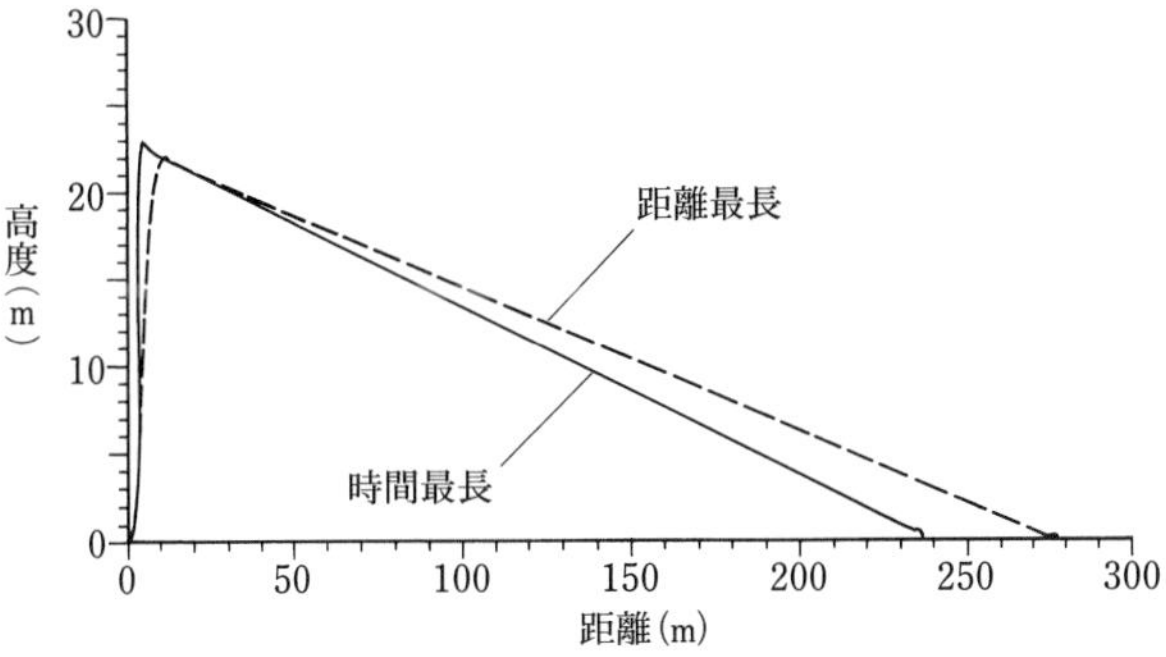

図 4.12　小人宇宙人の操縦（文献 19）．飛行距離最長と飛行時間最長では飛び方が異なる．横軸は 1/5 に圧縮されていることに注意．

図1・3の中央に示した機体のものを使いました。

実はこの計算には、機体の抗力係数も必要になります。その算出法は後にお話します。さしあたり、得られた結果だけに注目してください。

最適な飛び方

正解は、図4・12のようなものでした。この図では、経路の傾きが誇張されています。横軸が圧縮されていることに、ご注意ください。

距離最長で飛ぶ場合も時間最長で飛ぶ場合も、投げるやいなや機体は、ほぼ垂直に近い経路を伝って上昇します。小人宇宙人は、まずできるだけ高く上がります。

上昇するにつれ、飛行速度が減ってきます。そしてある高度で、滑空飛行に移ります。この後は、一定速度の滑空が続きます。

しかし飛行距離最長の場合と飛行時間最長の場合とでは、

滑空の仕方が違いました。

飛行距離最長の場合は、比較的浅い角度で飛びます。飛行力学の言葉を使えば、経路角が小さい飛行です。経路角とは、速度（飛行経路）と水平線がなす角です（後の図4・13のγ）。

これに対し時間最長で飛ぶ場合は、経路角が大きくなります。飛行機は相対的に急な角度で降下します。

しかし沈下速度も水平速度も、このほうが遅くなります。水平飛行距離は短くなりますが、滑空時間はこのほうが長くなります。

尾翼を大きくする理由

二つの滑空飛行は、どこが違うでしょうか。答は揚力係数であり、飛行速度です。

小人宇宙人は迎角を調整し、最適な揚力係数C_Lを選びます。ただしそれは、「揚力が重量に一致する」という釣合条件、すなわち

$$\frac{1}{2}\rho U^2 SC_L = 重量$$

という条件下で行われます（最適制御では拘束条件と言います）。したがって最適なC_Lを選ぶことで、自動的に速度も決まります。

通常、航空関係者のこの種の議論では、このときの揚力係数は、「主翼揚力係数」を用います。

しかしすでに我々は、模型飛行機や鳥が、尾翼にも揚力を発生させていることを知っています。

したがって、もう少し精度の高い議論が必要になります。ここでは、「主翼と尾翼の揚力を合計した揚力」を考えることにします。それを無次元化したものを、「全機揚力係数」とよんで区別することにします。

では、大学院生の計算で、小人宇宙人は滑空に、どのような全機揚力係数を選んだでしょうか。答は、次のようなものでした。

「飛行距離最長の全機揚力係数は0・71である」

「飛行時間最長の全機揚力係数は1・22である」

ここで、もう一度、図4・11を見ていただきたいと思います。

大学院生の計算は、ハンドランチ機を想定しています。ハンドランチ機は、主翼揚力だけで、揚力係数0・71の飛行が可能です。しかし、揚力係数1・22の飛行はできません。

ここにこそ、ハンドランチ機が尾翼に揚力を積む理由があります。もし最長時間滑空を行おうと思えば、尾翼に揚力を積み、主翼揚力を補わなければならないのです。

距離最長の滑空

ここで、距離最長と時間最長で全機揚力係数C_Lが違う理由を、簡単にご説明しておきます。

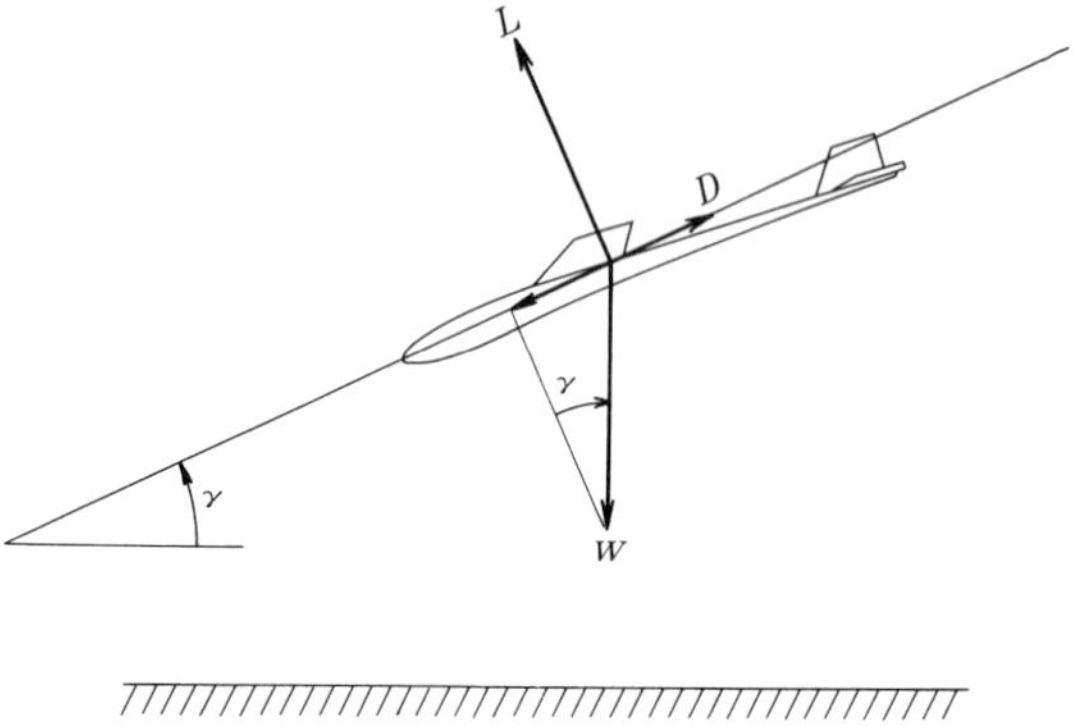

図4.13 釣合滑空状態. 経路角γはD/L（すなわちC_D/C_L）で近似される.

滑空する機体を、図4・13に示します。この図でも、図4・12と同様、経路の傾きが誇張されています。実際には経路角γは小さいので、全揚力Lは重量Wに一致すると考えることができます。すなわち

$$\frac{1}{2}\rho U^2 S C_L = W$$

これが、先ほど述べた釣合条件です。

さて、距離最大で飛ぶには、経路角γを最小にすればよいです。γは小さいので、勾配γはD/Lに、すなわちC_D/C_Lに、比例します。すなわち距離を最大にするには、その逆数C_L/C_Dを、最大にすればよいのです。

図4・14の上の図は、計算に使用した機体のC_L/C_Dを、C_Lに対してプロットしたものです。この例ではC_Lが0・71のとき、C_L/C_Dが最大になります。

L/D（エル・バイ・ディーと読みます）は揚力と抗力の比で、揚抗比とよばれます。揚抗比が最大のとき、滑空距離が最長になります。

時間最長の滑空

一方、滞空時間を最長にするには、降下速度を最小にすることが必要です。先ほどの釣合条件から、飛行速度Uは当該機の場合、

$$U^2C_L=9\cdot5\,\mathrm{m}^2/\mathrm{s}^2$$

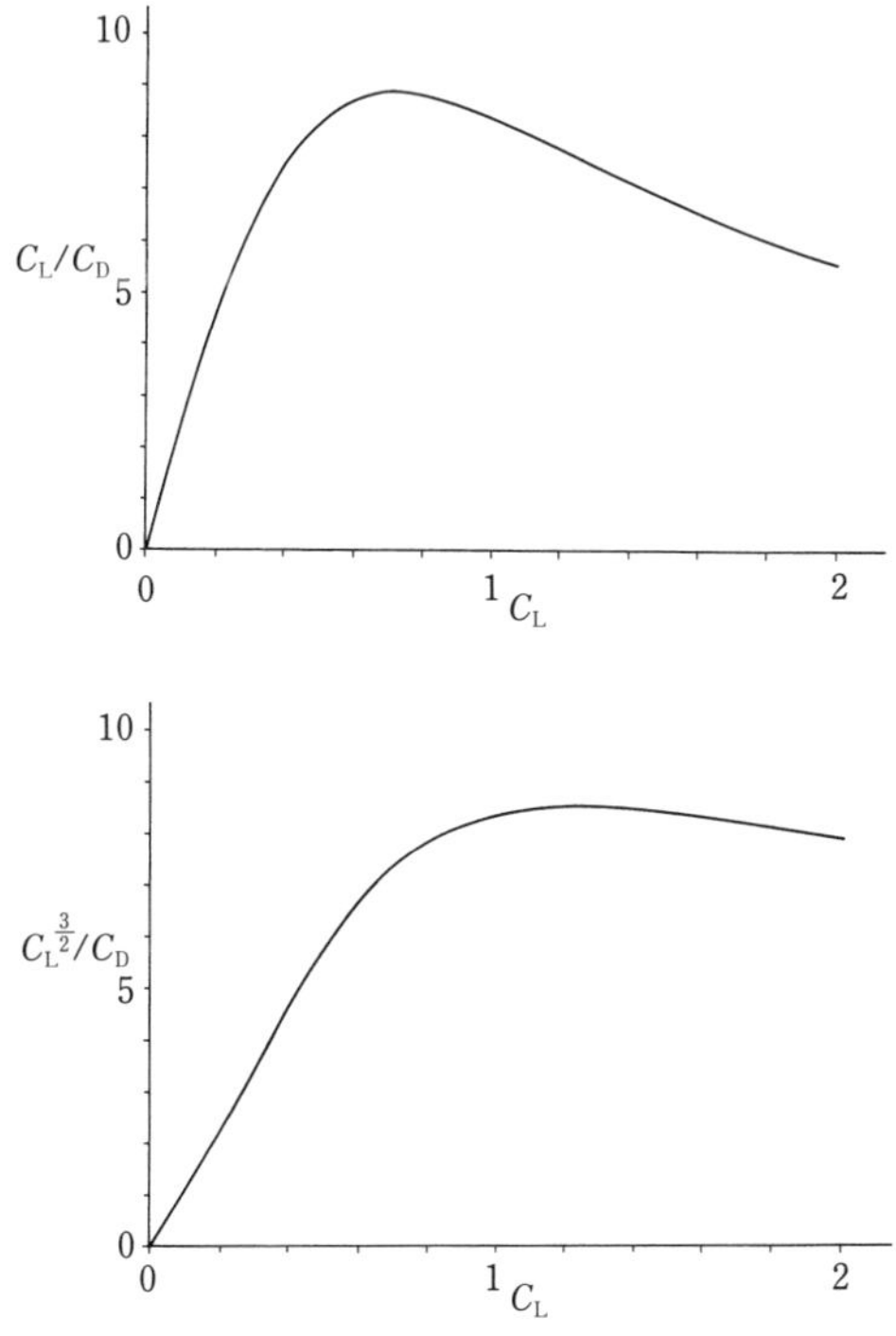

図 4.14 上は C_L/C_D 対 C_L の関係，この最大値で飛行距離が最長になる．下は $C_L^{3/2}/C_D$ 対 C_L の関係，この最大値で飛行時間が最長になる．

という制約を受けます。すなわち飛行速度Uは、空気密度ρが一定なら、全機揚力係数C_Lの平方根の逆数、$1/C_L^{1/2}$に比例します。

そして降下速度は、γが小さいので、UにD/L、すなわちC_D/C_Lを掛けたもので近似できます。すなわち降下速度は、$C_D/C_L^{3/2}$に比

例します。滞空時間を最長にするには、その逆数を最大にすればよいのです。$C_L^{3/2}$／C_DをC_Lに対してプロットすると、図4・14の下のようになります。その最大値は、図からは必ずしも明瞭には読み取れませんが、C_Lが1・22のとき起きます。

詳しい解析を行うと、「時間最長のC_Lは距離最長のC_Lのルート3倍（1・73倍）のとき起こる」ことが導かれます。小人宇宙人が選んだ二つのC_Lは、この関係を満たしています。

模型名人の技量

念のため申し添えますが、全機揚力係数は、主翼揚力係数C_{LW}と尾翼揚力係数C_{Lt}の和ではありません。

全機揚力係数は、主翼と尾翼の揚力の和を、動圧と「主翼の翼面積」で無次元化したものです。したがって全機揚力係数は、主翼揚力係数に尾翼揚力係数の（S_t／S_W）倍を加えたものになります。

$$\text{全機}\,C_L = \text{主翼}\,C_L + \frac{S_t}{S_W}\cdot\text{尾翼}\,C_L$$

ここで尾翼C_Lは、尾翼面積S_tを用いて無次元化した尾翼揚力係数です。もし主翼も尾翼も同じ揚力係数で飛んでいれば、

$$\text{全機}\,C_L = \left(1 + \frac{S_t}{S_W}\right)\cdot\text{主翼}\,C_L$$

となります。

仮に（S_t／S_W）を1／3とし、主翼揚力係数を0・9とすると、増加分は0・3です。主翼揚力係数はたかだか0・9ぐらいですから（図4・11）、全機揚力係数1・22を実現するのは、かなりたいへんです。

模型飛行機の名人たちは、それを実現しているのだと私は考えています。実際、「揚力尾翼」という言葉が使われています。

尾翼に揚力を積んで、全機C_Lを小人宇宙人のレベルに近づける。それが模型名人の技量だと、私は考えています。

飛魚の飛び方

ちょっと横道にそれます。揚力尾翼の飛行の例を、もう一つお目にかけたいと思います。

私が大学に在職していたときのこと。修士論文審査に、飛魚の解析が現れました。最適な飛行という観点から、飛魚の飛び方を研究した論文でした。

その学生は、「飛魚は飛行距離を最長にするように滑空する」と考えていました。質疑応答のとき、審査に参加している教官の一人が発言しました。「飛魚は羽ばたいている」

この先生はヨットが趣味で、飛魚の飛び方をよく見ていたようです。これに対し指導教官が、「(羽ばたかず滑空していることを示す）ビデオがある」と弁護しました。

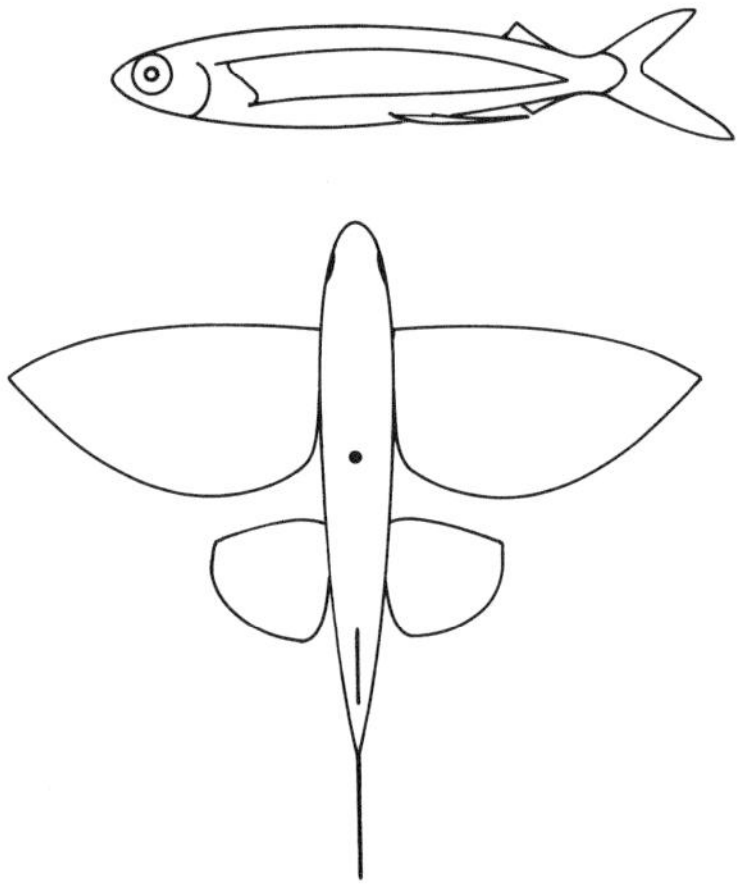

図 4.15　修士論文に現れた飛魚（文献 20）.

私は、別のことをコメントしました。

「少なくとも君が解析した飛魚は、距離を最長にして飛んでいるのではない。むしろ飛行時間を最大にして飛んでいるのではないか」

図4・15を見てください。これが修士論文審査に現れた飛魚の平面形と側面形です。黒印が重心位置です。

この平面形と重心位置を見れば、皆さんも、「この飛魚が時間最長で飛んでいる」ことに同意されるのではないでしょうか。

百科事典によれば、飛魚も各種います。胸びれと腹びれ（4翼の飛魚）を持つものも。胸びれのみ（2翼の飛魚）のものもいます。多分飛魚も、いろいろな都合で、それぞれ好みの飛び方をしているのでしょう（図4・16）。

鳥が尾を広げる理由

さて、改めて、揚力が重量と一致する条件、

$$U^2C_L＝一定$$

を、思い出してください。すなわち高速では小さいC_Lが、低速では大きなC_Lが、それぞれ必要です。

ここで、アマツバメの滑空（図3・1）を思い出してください。高速で飛んで、揚力係数0・8ぐらいまでの飛行なら、主翼（羽）だけで飛べるでしょう。

このときは羽に後退角をつけ、重心を代表的翼弦（平均空力翼弦）の25％あたりにして、飛ぶのだと思います。

しかし低速を飛ぶためには、羽だけでは重量を支えきれません。だから羽を直線翼にし、重心を代表的翼弦の後方に移すのだと思います。

こうすると、尾翼（尾）にも揚力を積めます。そのために、尾を一杯に広げるのだと思います。

以上が、私が考える、鳥が低速で尾を広げる理由です。同時にそれは、よく飛ぶ模型飛行機が、後方重心

図4.16 飛魚各種．上からホントビ，ツクシトビウオ，アカトビ．イラストは宇都宮斉．

で飛ぶ理由でもあります。

第5章　空飛ぶ恐竜の重さはどのくらいか
——二乗三乗法則

マイクロライト機の事故

私は大学にいたとき、あるマイクロライト機の事故の解析を、運輸省（現在の国土交通省）の航空事故調査委員会から依頼されました。マイクロライト機とは、重量200キロ程度の超小型軽量機のことです。

事故は、次のようなものでした。

重量約180キロの一人乗りマイクロライト機（図5・1）が、地上滑走を繰り返していました。まだ一度も離陸していない機体で、運動場を滑走路に見立て、走行試験を繰り返していました。

しかし時速60キロ程度で走っているとき、機体が突如飛び上がりました。伴走車からビデオが撮られていました。機体はほとんど瞬間的に、15メートルほどの高さに上昇します。「あぶねえよ」、

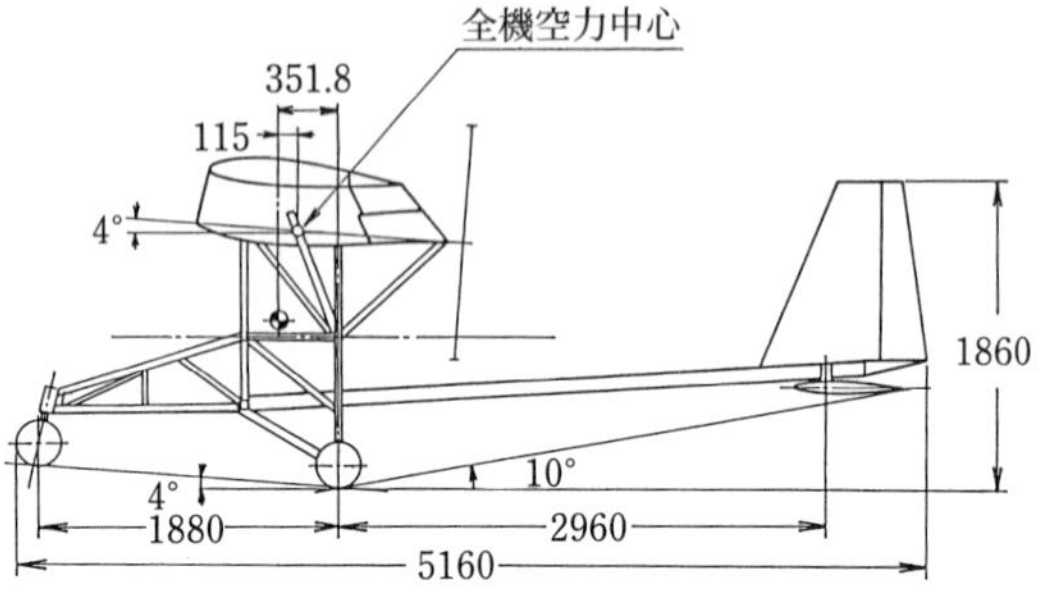

図 5.1　マイクロライト機の例，単位はミリメートル．

「あいつ旋回しているよ」という声が聞こえます。

ビデオは、グランド上を優雅に横切る機体を映します。しかし前方の建物をよけきれず、接触します。「ガチャーン」という大きな音とともに、ビデオの画面は灰色になります。撮影者は、多分ビデオ・カメラを放り出しました。「救急車、救急車」と叫ぶ声が続きます。

この機体の特性や操縦応答を、研究室の助手とともに調べました。そしてわかったのは、超小型軽量機の驚くべき舵の利きの良さでした。

パイロットに、離陸するつもりはありませんでした。多分機体が小石かなにかに乗り上げ、反動で機体が跳ね上がったのでしょう。そのとき結果的に、操縦桿が引かれました。

機首上げした機体は、一挙に浮かび上がりました。それは、姿勢変化で発生する揚力が、機体重量に対し圧倒的に大きいからでした。同時にそれは、軽量機の舵の利きが際立って大きいことにも、影響されていました。

飛ぶものの掟——二乗三乗法則

このときから、航空機の大きさと飛行特性の関係について、私は真剣に考えるようになりました。いったい、非常に小さい飛行機と非常に大きい飛行機の特性は、どこが同じでどこが違うのでしょうか。

これを支配する法則があります。古くから知られているもので、「二乗三乗法則」といいます。これこそ飛ぶものが、蚊や鳥や翼竜からジャンボ機まで、逃れることのできない掟です。

「飛行機に働く空気力は、大きさ（代表的長さ）の2乗に比例して増える。飛行機の質量は、大きさの3乗に比例して増える」

これを二乗三乗法則（キューブ・スクエア・ロー）といいます。

この法則によれば、飛行機は小さくなるほど、重さや慣性力（動きにくさや動き出すと止まらない性質）の影響が小さくなります。逆にいえば、空気力の利きが相対的に大きくなります。だからこそ、マイクロライト機は一気に浮上してしまったのです。

衝撃に対しても、類似のことがいえます。ジャンボ機は、墜落すれば粉々に壊れます。長さ15センチの紙ヒコーキは、墜落してもまず壊れません。

もう一例挙げます。1990年1月、アビアンカ・エアラインズのボーイング707が、ニューヨーク州ロングアイランド島に、燃料切れで墜落しました。この機は、上がり勾配約24度の丘の斜面に、やや機首上げ状態で激突しました。

燃料を使い尽くしての墜落ですから、火災は発生しません。死傷の原因は、墜落時の衝撃による外傷だけでした。

この機には、乗員乗客158名が搭乗していました。その中の73名が死亡し、81名が重傷を負いました。

搭乗者中、11名は幼児でした。そしてこの中の10名が生存しました。このことは衝撃の影響が、体が小さいほど少ないことを示しています（文献21）。

体操選手はなぜ小柄か

皆さんはテレビなどで、体操競技をごらんになったことがおありと思います。選手が小柄なことに気づかれたでしょうか。体が小さいほうが、飛んだり跳ねたり、急停止するのに有利です。

体が小さいと、筋肉は小さいかもしれません。しかし筋肉が小さいことより、体重のほうが相対的に、もっと小さくなります。したがって小回りが利き、加減速も容易になります。体格の小さいほうが、選手として有利なのです。

飛行機が、飛んだり跳ねたりすることはありません。しかし旋回したり宙返りしたりします。姿勢が乱れれば、元の姿勢に復元するような運動もします。

このとき働く力は、翼に発生する空気力によって得られます。その力は、面積に比例します。大ざっぱには、飛行機の大きさ（代表的長さ）の2乗に比例すると考えてよいです。

では飛行機の質量はどうでしょうか。飛行機の外皮の内側は、構造的には、ほとんどがらんどうです。その中に、エンジンや燃料や荷物が積まれます。果たして全体として、飛行機の重量は、代表的な大きさ（長さ）の3乗に比例しているでしょうか。

飛行機の代表

それを確かめた論文があります。著者の一人は私です（文献22）。

これは、非常に大ざっぱな話です。学術誌に、大ざっぱな話はなじみません。査読者に主張を認めさせるのに、私は苦労しました。私が小型機の特性を真面目に考えていたことを、皆さんに理解していただけるのではと思います。

私が比較の対象に選んだのは、大きさが大きく異なる四つの飛行機でした。それらは、ボーイング747旅客機、ロッキードP2V-7対潜哨戒機、マイクロライト機、ハンドランチ機です。それらの平面形を図5・2に示します。

ボーイング747は大型機の、P2V-7は中型機の代表です。マイクロライト機は、先出の事故を起こした機体です。そしてハンドランチ機は、第1章以来登場している機体の類型機です。

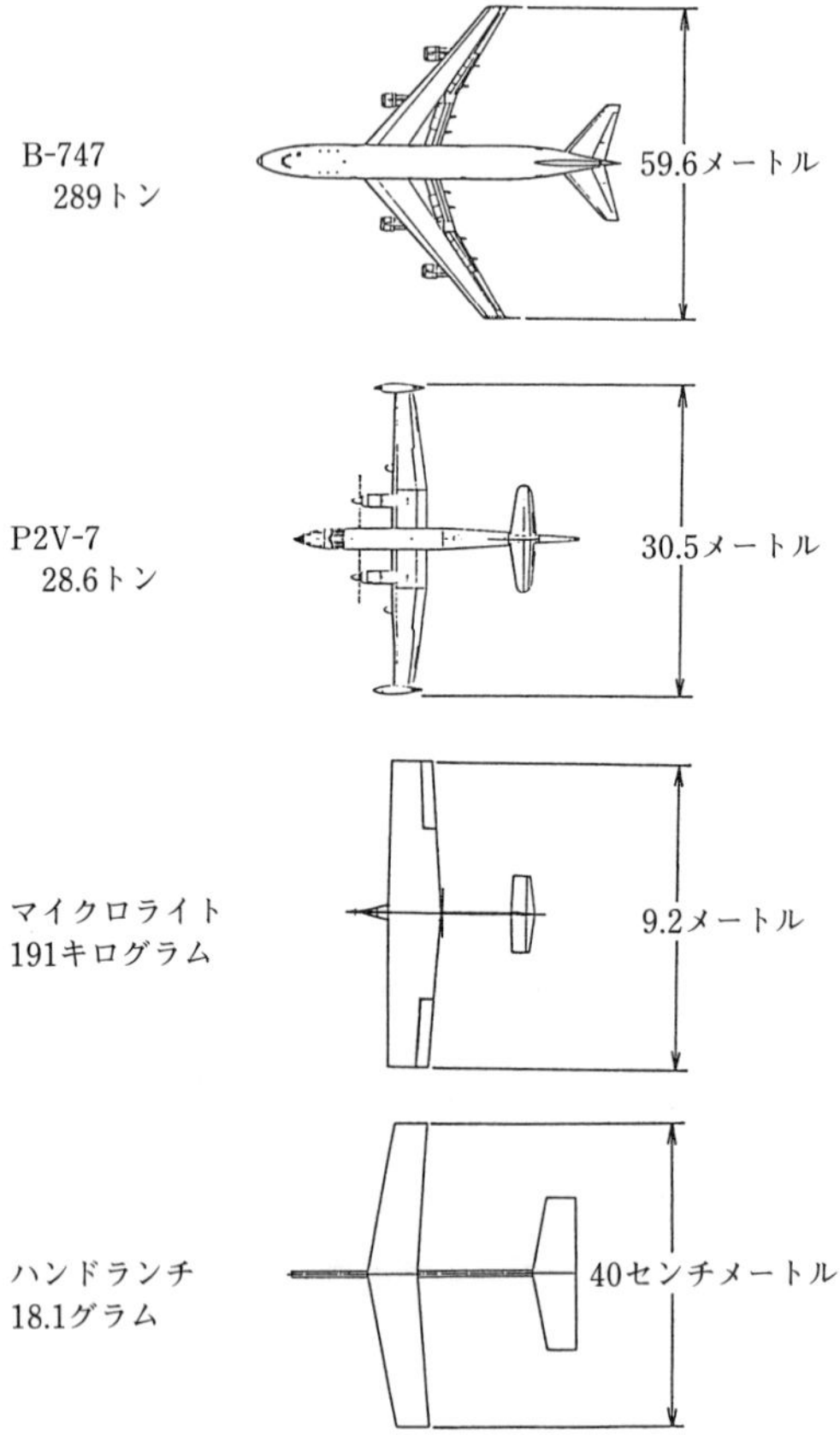

図 5.2　4 機種の平面形の比較.

これらの機体の質量は、大まかには、ジャンボ機が300トン、P2V-7が30トン、マイクロライト機が200キロ、ハンドランチ機が20グラムといったところです。

この4機種の間で、質量は10^7倍、すなわち1千万倍変化しています。このくらい質量変化の幅があれば、二乗三乗法則の正否を議論できるでしょう。

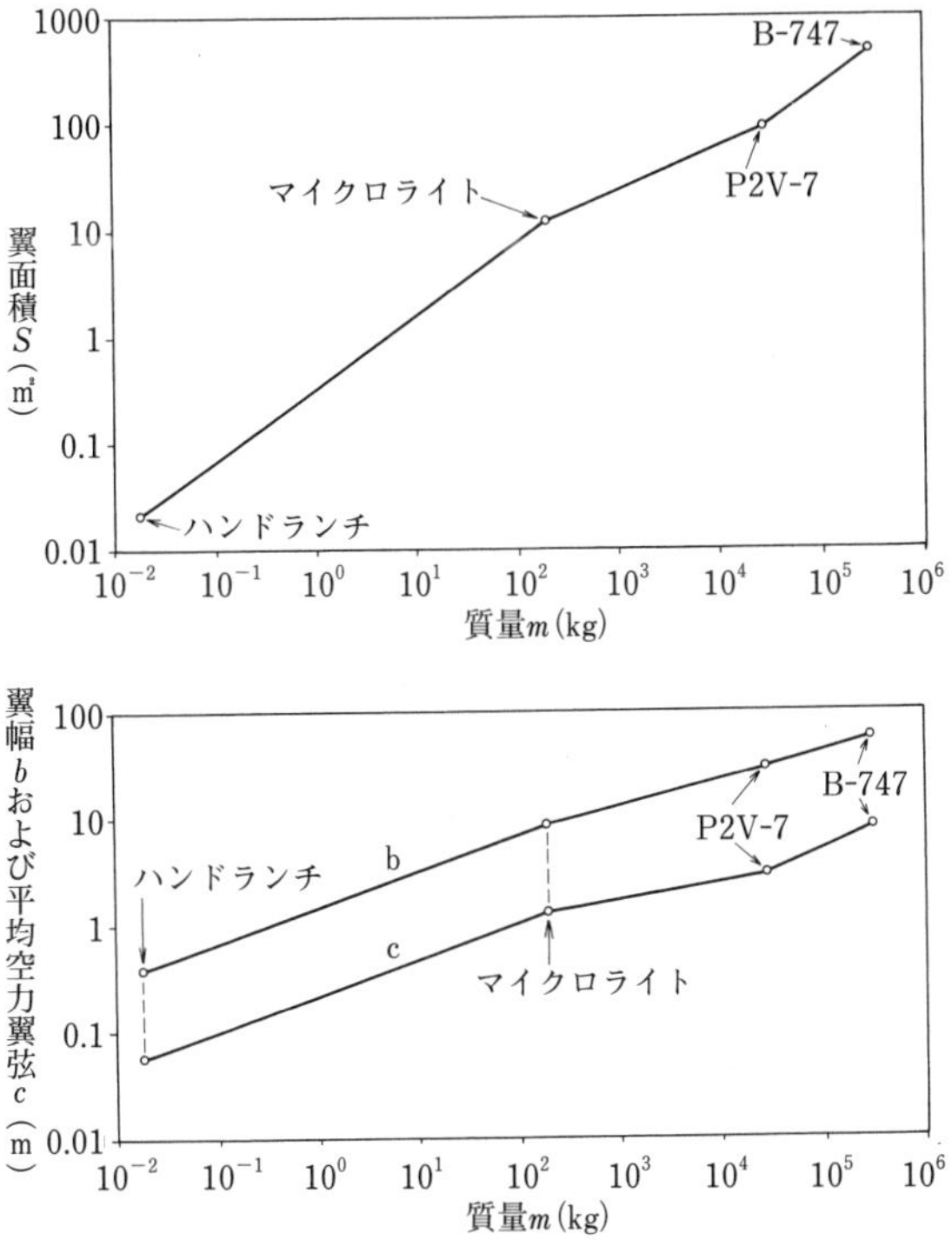

図 5.3　二乗三乗法則（文献 22）.

図5・3の上は、四つの飛行機について、翼面積Sと質量mの関係をプロットしたものです。縦軸は翼面積、横軸は質量です。

　また下は、それらの飛行機の翼幅bと代表的翼弦長（平均空力翼弦）cを、質量に対してプロットしたものです。

　いずれの図も、縦軸横軸とも、対数目盛が使われています。すなわち数が10倍になるごとに（すなわち1、

10、100、1000、……が)、それらが等間隔になるように、目盛りがつけられています。

このような目盛りの図では、飛行機の質量mが代表的長さ、例えば翼幅bの3乗に比例するとき、bはmに対し勾配1/3の直線になります。また翼面積Sが長さ(例えばb)の2乗に比例し、質量mが長さの3乗に比例するとき、Sはmに対し勾配2/3の直線になります。

二つの図から、これらの関係がほぼ成り立っていることがおわかりでしょう。ここでは大きさ(長さ)の基準に翼幅や翼弦長を用いいましたが、胴体長をとっても同じことがいえます。

このように二乗三乗法則は、少なくともバルサ製の模型飛行機から人間500人を乗せて飛ぶジャンボ機まで、ほぼ成立しています。

大型機と小型機の差

飛行機に二乗三乗法則が成立することは、飛行機が小さくなるにつれ、空気力の効果が相対的に強まることを意味します。

それは体操選手の場合、体格が小さいほど、回転が速く、俊敏になることに相当します。

飛行機の場合は、小型機ほど舵の利きがよくなり、同時に安定性が増します。逆に大型機では、相対的に動きが「おっとり」してきます。

少し風のある日、滑空している模型飛行機を見てください。ふらふら尾翼が揺れたり、主翼が傾いたりします。これは飛行力学で、ダッチロールという揺れ方です。

質量19グラムのハンドランチ機の場合、ダッチロールの周期は1秒程度で、揺れの振幅が半分になる時間（振幅半減時間といいます）も1秒程度です。いい換えればダッチロール振動は、2秒ほどで振幅が1／4になります。

同じダッチロールが、質量29トンのP2V-7では、周期は4秒程度、振幅半減時間は6秒程度になります。いい換えれば、振動周期は長くなり、振幅が1／4になるのに12秒を要します。

最近の飛行機は、ほとんど自動安定装置を積んでいます。それが飛行機本来の揺れを消しています。したがってダッチロールのような運動は、ほとんどわかりません。

しかし風に対しては、二乗三乗法則を感知できます。大型機は、乱気流中でもあまり揺れません。同じ乱気流中を小型機で飛べば、木の葉のように揺さ振られます。

小型化による舵の利きの増大は、ラジコン機（無線操縦の模型機）に明瞭に現れます。例えば戦闘機設計者は、1秒で360度横転する機体を設計するのに苦心します。この程度の横転は、ラジコン機では容易です。

進歩を支える材料開発

飛行機は、時代とともに大型化しました。ここにも二乗三乗法則がかかわります。

飛行機の上下方向の釣合式を、次のように書き直してみましょう。元の式は、「動圧と翼面積と揚力係数の積が機体重量に等しい」です。

$$C_L = \frac{W/S}{(1/2)\rho U^2}$$

飛行の制約が厳しい例として、着陸を考えましょう。着陸では、着陸速度Uを小さくしようとします。その結果、揚力係数C_Lは増大を迫られます。

しかし揚力係数がある限度を超えると、飛行機は失速します。このため飛行機は、フラップ（下げ翼）をはじめとする各種の高揚力装置を開発し、最大揚力係数（揚力係数の最大値）の増大に努めてきました。

一方機体の大型機も、最大揚力係数の増大を迫ります。揚力係数は、重量Wと面積Sの比に比例し、前者は飛行機の大きさ（長さ）の3乗に、後者は2乗に比例します。すなわち揚力係数は、機体の大きさに比例して大きくなります。

飛行機の大型化とともに、最大揚力係数は増加を続けてきました。そしてすでに、技術的限界に近づいています。

残された道は、重量軽減でした。機体構造をできるだけ軽量化し、同時に新しい材料（強くて軽い材料）を開発・導入することでした。実際過去の大型化は、この方法で実現されてきました。

飛行機の進歩は、しばしばエンジンの進歩であるといわれます。音速突破から超音速飛行への移行は、そのことを如実に実感させます。大型化の過程でも、常に大出力のエンジンが要求されました。

しかしエンジンに対しても、重量増加を抑えることは絶対の条件でした。これを可能にしたのも、新しい材料（過酷な使用条件に耐える軽い材料）の開発でした。

飛行の進歩を支えるものは、基本的には、新材料の開発ということになります。鳥の構造は、そのヒントを与えるかも知れません。

空飛ぶドラゴン

2億年前、鳥類はまだわずかしか飛んでいませんでした。陸には恐竜、海には首長竜、生物界は爬虫類が支配していました。爬虫類とは、脊椎動物の一種です。ヘビ、カメ、トカゲ、ワニなどはその仲間です。

この中から、飛行能力を持つものが現れました。翼竜です。翼竜はプテロサウルスともよばれます。ギリシャ語で「飛ぶトカゲ」を意味します。

翼竜は2億1千万年前に現れ、6500万年前に絶滅しました。初期の種は、翼幅は60センチ程度でした。しかし次第に大きな翼竜が現れました。1億4千万年前には、翼幅5メートルのものがいました。

8500万年前、発見されている翼竜中では最大のものが現れました。空飛ぶドラゴン、プテラ

図 5.4　プテラノドン　イラストは宇都宮斉.

ノドンです。翼幅は3メートルから最大7メートル程度であったようです。

ただし、少なくとも一体、巨大な化石が見つかっています。下顎骨が約1・2メートル、頭骨が約1・5メートルです。このプテラノドンは、前述のものよりさらに大きかったようです。翼幅を8メートルとも12メートルとも書いた本があります。

プテラノドンとは、「歯のない翼」の意味です。くちばしに歯がありません。外見で目立つ特徴は、ひときわ大きなとさかです。これが後頭部、くちばしの反対側へ長く伸びています（図5・4）。

くちばしは非常に大きいです。長く幅の狭い顎の中に魚をすくい上げ、丸飲みにしていたようです。化石の発見場所も、だいたい海です。下顎と一緒に、魚の化石も見つかっています。

プテラノドンは、前肢と後肢の間に膜がありました。前肢の4番目の指が異常に長く、これが翼の前縁になりました。同時にここが、揚力を支える桁の役目をしていました。翼を広げると、足首までの間は膜が張られた状態になります。さらに後肢の間にも、膜状の小さな翼がありました。

生物と人工物の違い

プテラノドンは、どのように飛んでいたのでしょうか。航空学科の大先輩、佐貫亦男教授は次のように推測しておられます（文献23）。

「その巨大な翼は、膜というよりも皮に近かったらしい。それを上下に1回羽ばたくには2秒かかる。したがって、毎分30回しか羽ばたけない。こんなゆっくりした羽ばたきでは、平地で無風の時にはとても離陸できない」

「おそらく、海岸の岸壁のぶら下がった姿勢から、あるいは岩の上から風に乗って、飛び出したのであろう。一度飛び出せば、あとはゆっくり羽ばたいて積極的に飛び、かなり遠距離まで行動して魚を捕らえた」

生物の場合、飛行に使えるエネルギーはごく限られています。したがって、重量がよほど小さくないと飛べません。ここも二乗三乗法則に支配されています。

羽ばたいて飛ぶ生物は、みな小型です。現代最大の鳥、コンドルでも、翼幅は約3メートル、体長約1・3メートルです。

プテラノドンの翼幅を8メートルと考えた場合、体長は3メートルほどになります。頭部（くちばしと後方へ伸びたとさか）は2メートル弱です。短い首の後ろは胴体で、ここに翼がついています。その重量を佐貫教授は、「せいぜい16キロから17キロ」と推定しておられます。

『ジェーン年鑑』を見ると、超軽量《マイクロライト》飛行機の重量が載っています。翼幅6メートルで最小70キロ程度、8メートルで120キロ程度です。これにパイロットの重量が加わりますから、プテラノドンより1桁重くなります。

この違いを、我々は生物から学ばなければなりません。例えば飛行機の翼は、上向きの荷重に対し強く設計されています。この結果、例えば前後方向の荷重は、強度が余っています。

こういうところが、鳥の羽と飛行機の翼の決定的に違うところです。生物に学ぶことは無限にある、といっていいでしょう。

第6章　操縦と自動車の運転はどこが違うか
——縦の姿勢制御

縦の操縦

鳥や模型機の飛行を考えたとき（第4章）、飛行を支配（操縦）する手段は、全機揚力係数C_Lの選択でした。このときC_Lと飛行速度Uは、高度がほぼ一定なら、

$$U^2C_L=一定$$

の関係を満たしていました。

C_Lと迎角は、一対一に対応しています。ここで迎角とは、厳密には機体の迎角（図2・8のα）です。ただし主翼と流れのなす角（例えば図4・7のα）と考えても、差しつかえありません。

したがって操縦とは、迎角を選ぶことです。ただし考えているのは、まだ縦の飛行だけです。したがって縦の操縦とは、迎角を選ぶことです。これによって速度も同時に選んでいます。

では実機で、「迎角変化は、どのように作り出される」のでしょうか。これにかかわるのは、水平尾翼です。

水平尾翼

水平尾翼には、通常後ろ側に舵面がついています（図6・1の上）。これを昇降舵（エレベーター）といいます。それに対し水平尾翼の前側の部分を、水平安定板（スタビライザー）といいます。

操縦桿を引くと、昇降舵の後縁が上がる向きに回転します、これは水平尾翼に下向きの力を発生させ、その揚力を減じます。すなわち操縦桿引きは、水平尾翼取付け角を小さくする（前縁を下げる向きに回転させる）のと同じ効果があります。

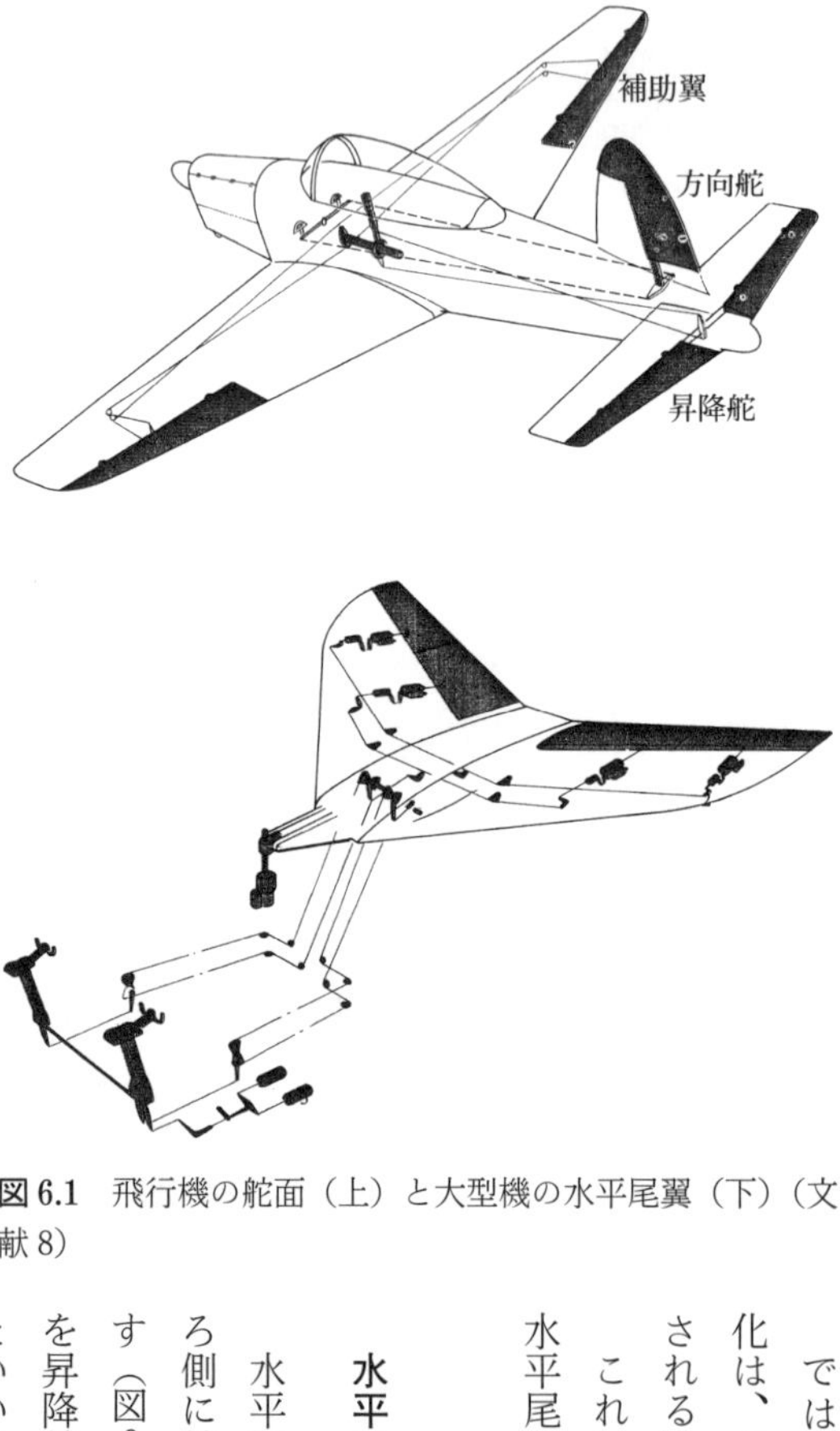

図 6.1　飛行機の舵面（上）と大型機の水平尾翼（下）（文献 8）

旅客機のような大型機では、実際に水平安定板も回転します（図6・1の下）。昇降舵を回転させると、水平安定板がそれにゆっくり追随するように（昇降舵と同一面を構成するように）動きます。

戦闘機では、操縦桿は水平尾翼全体を直接回転させます。この場合は、水平尾翼全体が大きな舵面になっています。これを全遊動式（オール・ムービングあるいはフライング）水平尾翼などといいます。

このように操縦桿を前後に動かす（縦の）操作は、本質的には、全遊動式水平尾翼を回転させることと等価です。

以下では、操縦桿を前後に動かすと、水平尾翼取付け角が変化すると考えます。水平尾翼取付け角が変わると、機体の迎角が変化します。すなわち縦の操縦とは、水平尾翼取付け角を変えることです。

縦の操縦のモデル化

一般に飛行機の主翼は、胴体に対しある角度をもって取り付けられています。それは揚力を発生させた状態で、胴体をほぼ水平にするためです。

しかし飛行力学で本質的に重要なのは、主翼と水平尾翼の相対的な取付け角です。このためここでは、胴体の基準軸（胴体軸）を、主翼取付け角の方向にとることにします。水平尾翼はこの胴体

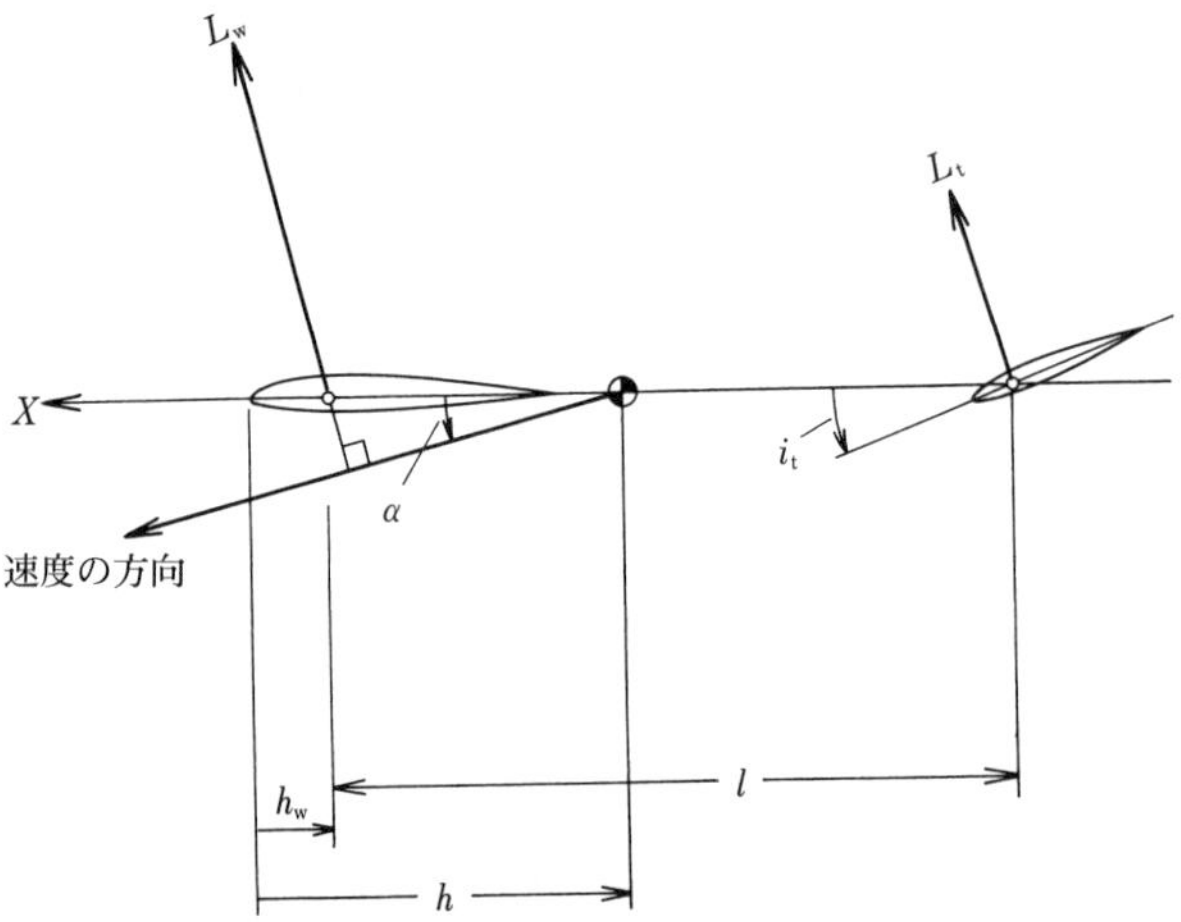

図 6.2　縦の操縦のモデル化

軸に対し、前縁下げに角度i_tで取り付けられているとします（図6・2）。

この胴体軸は、先に図2・8で導入したX、Y、Z軸のX軸と同じものです。あのときはお断りしませんでしたが、図2・8のX軸は、すでに主翼取付け角の方向にとられています。

胴体軸と速度Uのなす角が、機体の迎角αです。またこの迎角αに対し、速度Uと経路角γの関係は、図6・3のようになります。

さて縦の操縦を、操縦桿で尾翼取付け角i_tを動かすことと考えています。これによってパイロットは迎角αを変化させ、同時に速度Uを変化させます。

このときのi_tとαの関係を考えましょう。関係する諸量が、図6・2に示されています。L_WとL_tは主翼と尾翼の揚力、h_Wは主翼空力中心位置、hは重心位置、lは主翼と尾翼の空力中心間の距離です。

釣合迎角

釣合状態では、力の作るモーメントの和が、ゼロになっています。

モーメントは、どの点まわりに考えてもよいです。しかし重心まわりに考えると便利です。そうすると、重力の影響をはずすことができるからです。

図6・2では、重心まわりにL_WとL_tの作るモーメントの和が、ゼロになっています。厳密に言うと、この図には抗力が含まれていません。抗力の作るモーメントは小さいので、無視して大丈夫です。

パイロットが操縦桿を引くと、i_tが増え、機首上げ回転が起き、迎角αが増加します。しかし迎角静安定がそれを抑える向きに働きます。この結果、迎角は少し増大して止まります。逆に操縦桿を押せば、迎角は少し減少します。

このようにして、パイロットは迎角を変化させ、揚力係数を

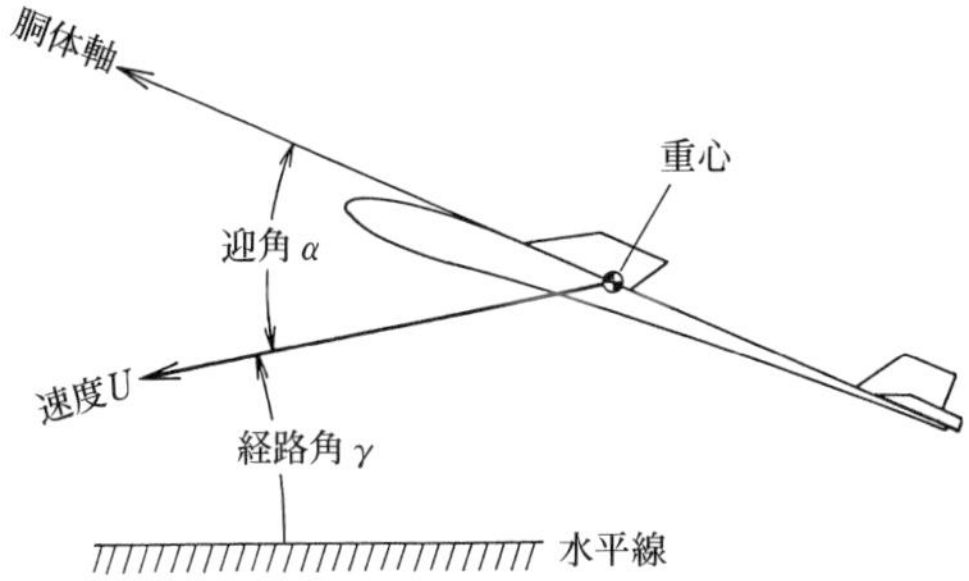

図 6.3 迎角と経路角．両方を加えたものが姿勢角である．

変化させて飛びます。これが、縦の操縦の本質です。

こうして実現される迎角を、厳密には「釣合迎角」といいます。それは、X軸から見た飛行速度の方向です。しかも、「飛行可能な唯一の方向」を示す角度です。飛行機は、釣合迎角αの方向にしか、飛ぶことができません。その方向に飛ぶときしか、縦のモーメントがゼロにならないからです。飛行機が飛べるとしたら、この方向しかないのです。

迎角静安定と尾翼取付け角

釣合迎角で、主翼と尾翼の揚力は、天秤棒の釣合条件を満たしています。

一方そこからの迎角変化に対する主翼と尾翼の揚力変化は、全機空力中心(図1・9参照)まわりにモーメントを作りません。すなわち主翼と尾翼の揚力変化分は、空力中心を支点と考えた天秤棒の釣合条件を満たしています。

重心が後退し、重心と全機空力中心が一致すると、迎角静安定がなくなります。そしてこのときには、主翼と尾翼の揚力だけでなくその変化分も、重心まわりにモーメントを作りません。いい換えれば主翼と尾翼の揚力の分担比が、釣合時も迎角変化時も、同じになります。このとき、主翼と尾翼が平行になっているのです。

すなわち最後方重心位置では、尾翼取付け角・i_tはゼロです。このとき尾翼揚力は最大で、上を向

図 6.4 リリエンタールの滑空機

いています。そして静安定はゼロです。重心が前方に移動すると、静安定が増し、それにつれて尾翼揚力が減少します。そのためには i_t を増大させることが必要です。それが操縦桿を押す操作に対応します。

飛行可能な状態では、主翼取付け角に対し尾翼取付け角は、必ず小さくなります。ル・ブールジェ航空宇宙博物館には、リリエンタールの史上初の滑空機の精巧なレプリカが展示されています。リリエンタールは鳥の飛行を研究し、滑空機を発明しました。その尾翼は大きく跳ね上げられています（図6・4）。

同様のことは、ブレリオXIにも明瞭に認められます（図3・3）。無尾翼機の翼端を跳ね上げるのも（図2・6）、実は同じ理由です。

紙ヒコーキやハンドランチ機では、尾翼に揚力を積むため、重心をできるだけ後退させます。私の試算ではそのとき、尾翼迎角は主翼迎角の8割程度になります。仮に主翼迎角を8度とすれば、尾翼迎角は6・4度で、取付け角 i_t は1・6度です。

仮にその推算が正しいとしても、取付け角は工作精度（機体重量、重心位置、翼の反《そ》りなど）で、なにがしかの変化をするでしょう。取付け角を数値で表すのは、非常に難しいと思います。

多分そのためと思いますが、市販のハンドランチ機の設計図で尾翼取付け角が明示されているのを、私は見たことがありません。

重心許容範囲

縦の操縦の本質は、尾翼取付け角i_tで、釣合迎角αを動かすことでした。i_tを変化させると、縦のモーメントが発生します。しかし迎角静安定による復元モーメントが発生し、両者が相殺する点が新しい釣合迎角になります。

重心が後方だと、復元モーメントが小さく、迎角が大きく変化します。そして重心が前方に移動するにつれ、復元モーメントは次第に大きくなり、迎角の変化は次第に減少します。

i_tの変化分と釣合迎角の変化分の比は、縦の「舵の利き」を表します。舵の利きは、重心が前方に移動するにつれ、小さくなります。いい換えれば、操縦が利かなくなります。

一般に重心位置は、後方は安定性の条件で、前方は操縦性の条件で、それぞれ制限されます。パーキンス・ヘーグの教科書に示された重心位置（図1・2）が前後から制限されているのは、そのためです。

滑空と動力飛行の違い

ここまで滑空だけを取り扱ってきました。それは飛行を、最も単純化して示すためです。通常の飛行機は、プロペラやジェットのような推進装置を持っています。動力飛行と滑空の違いは、どこにあるのでしょうか。

それは滑空が、地球の重力を推進に利用していることです。重力の進行方向成分（図4・13）が、推進力の役割を担っています。それは我々が坂道を、自転車で下るときと同じです。

滑空では、重力Wの速度方向成分が、飛行機の抵抗（抗力）Dと釣り合っています。またWの速度に垂直な方向の成分が、揚力Lと釣り合っています。このとき飛行機の胴体軸と速度の関係は、拡大すると、図6・3のようになっています。

図から明らかなように、胴体軸の水平線となす角が、飛行機の姿勢角です。すなわち、

姿勢角＝迎角－経路角

です。なお通常の飛行力学では上昇時の経路角を正とし、右の式のマイナスはプラスになります。飛行機が推進力を持つと、水平飛行が可能になります。水平飛行では、経路角はゼロで、

姿勢角＝迎角

となります。

縦の操縦の本質は、迎角の制御でした。水平飛行ではそれは、縦の姿勢の制御と等価になります。

水平飛行

推力を使用すると、水平飛行が可能になります。このとき推力は抗力に、重力は揚力に、それぞれ釣り合います。

水平飛行の縦の釣合は、理屈の上では、次のように実現されます。

パイロットは、操縦桿で水平尾翼の取付け角を設定します。これにより、機体の迎角が決まり、揚力係数と抵抗係数が決まります。

この結果、揚力と重量が釣り合うように速度が決まり、抵抗が決まります。この状態では、飛行機は必ずしも水平飛行していません。仮に推力がゼロであれば、然るべき経路角で降下します。

これに推力が加わり、推力と抵抗が一致すると、飛行機は水平飛行に移ります。推力を調節するレバーをスロットルといいます。スロットルを前方に押せば、推力は増加します。

もちろんパイロットは、スロットルと操縦桿を通常は同時に操作します。これにより、釣合状態を――例えば速度を――いろいろと変えながら飛行します。

スロットルは、自動車のアクセルに相当します。しかし機能は、両者で大きく異なります。

自動車では、アクセルを踏み込むと増速します。しかし飛行機では、スロットルを押し込んでも、必ずしも増速しません。

上昇と下降、増速と減速

推力が増加すると、飛行機は直後は増速します。しかし迎角は基本的に変化しません。したがって揚力係数も抵抗係数も変化しません。この結果飛行機は、揚力を増し、上昇に移ります。上昇すると、重力の速度方向成分は、機体を減速させる向きに働きます（図4・13でγが負になった状態）。それが推力の増加分に一致すると、機体は元の速度に戻り、その状態で上昇を続けます。

このように飛行機では、推力の増減は、経路角を制御する手段となります。推力を増せば飛行機は上昇し、減らせば下降します。速度を決めるのは、あくまでも迎角です。

では増速するにはどうするか。まず操縦桿を押し、機首を下げます。この結果迎角が減少し、揚力係数C_Lが減少します。これにより、U^2C_L一定の条件下で、水平飛行の増速が可能になります。このときU^2C_Dは一般に増大し、抵抗Dは一般に増大します。したがってパイロットは、その増加分だけスロットルを押すことが必要になります。

減速は逆の操作になります。すなわち、操縦桿を引き、迎角を増してスロットルを戻します。

このように飛行機では、最も基本的な操縦量は迎角です。それは飛行が、揚力と重力の釣合を基本に成立しているためです。

推進装置

飛行機は、当初プロペラで推進しました。プロペラは、回転する羽根（細長い翼）で空気を加速し、その反動で推力を得ます。羽根に当たる空気速度は、飛行速度とプロペラ回転速度との合成速度です。飛行速度が時速750キロ前後になると、合成速度が音速に近づきます。このため圧縮性の影響が顕著になり、プロペラの効率は著しく低下します。

ジェット・エンジンは、空気を吸入圧縮し、それに燃料（灯油の類）を噴射し、点火して、高温排気として排出します。

プロペラが空気をそのまま加速する冷たいジェット（噴射）とすれば、ジェット・エンジンは熱いジェットです。推進装置としての効率は、時速800キロを超えるあたりから、ジェット・エンジンが優ります。

ロケットは、飛行の主推進手段として用いられる場合は、主に液体ロケットとよばれるものです。液体ロケットは、液体の推薬（燃料と酸化剤）を燃焼室で燃焼させ、噴射します。典型的推薬は、液体水素と液体酸素です。混ぜると、爆発的に燃焼します。

ロケット・エンジンは、酸化剤も搭載して飛びます。これは、ジェット・エンジンが空気中の酸素を使って燃料を燃焼させるのと、著しく対照的です。

酸化剤の搭載は、ロケットの作動時間を短くします。しかし、酸素のない宇宙空間でも使用できるような利点を持ちます。

短時間に大推力を得るには、ロケット・エンジンが有利です。飛行機による最初の音速突破は、ロケット・エンジンによってなされました。

第7章　飛行機は空飛ぶ絨毯とどこが違うか
——誘導抵抗

空飛ぶ絨毯と飛行機の違い

私はかつて「空飛ぶ絨毯」の本を書いたことがあります。そういう世界を学生諸君と議論し、絵本にして出版しました。

そのとき気づいたことなのですが、我々は絨毯が水平になって飛ぶと考えがちです。アラビアンナイトの映画でも、空飛ぶ絨毯は水平に飛んでいました。絨毯では、上下方向の力（宙に浮かぶ力）と前後方向の力（推進する力）が、独立に発生するようでした。

飛行機の翼は違います。揚力が発生すると、抗力（抵抗）が同時に発生してしまいます。

こここそ、飛行機の飛行機らしいところです。

例えば激しい旋回は、大揚力を必要とします。このとき抵抗が急増し、速度を失いがちです。そ

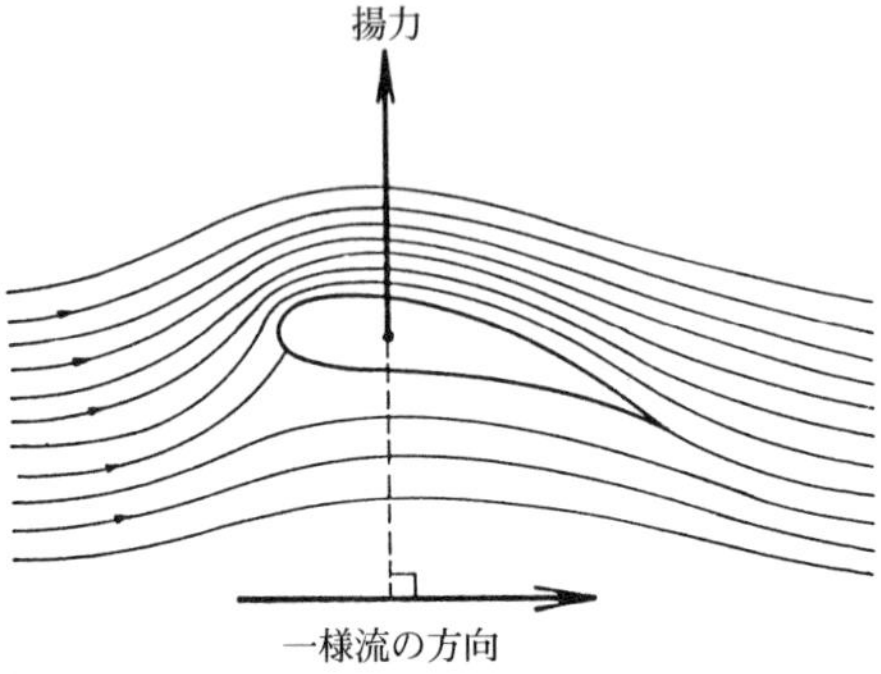

図 7.1　二次元翼．抵抗は小さく，揚力だけが発生していると考えてよい．

のとき、下降して速度を補う場合があります。ここは戦闘機乗りの腕の見せどころの一つです。

こういうことを理解するには、まず揚力の性質を知らなければなりません。

翼の断面まわりの流れ

飛行機の翼の断面まわりの流れの様子を描くと、図7・1のようになります。これは亜音速の場合の流れの様子で、図3・6の上の写真と同じ種類のものです。

翼型のような断面のまわりを流体が流れると、流れは上側の速度は下側の速度より速くなります。

上側を流れる流体は長い距離を移動します。このため上面と下面を比べると、上面のほうが圧力が低くなります。これが、揚力が発生する大ざっぱな理由です。

スプーンの場合（図3・5）も、本質的には同じ理由で揚力が発生します。しかし私は図7・1を、スプーンの場合とは少し違う意味で示しています。二つの流れは、本質的にどこが違うでしょうか。

二次元翼

私は図7・1を、「翼幅が十分大きい場合」の、翼の断面まわりの流れとして描いています。このような翼は「二次元翼」とよばれます。二次元の意味は、「翼幅方向に変化が起きない」、という意味です。

数学的には、二次元翼の働きは、1本の渦と等価になります。翼の空力中心に、翼幅方向に十分長い渦があると考えればよいです。渦は翼の上側の流れを速くし、下側の流れを遅くします。渦は翼の前側では上向きの流れを、後ろ側では下向きの流れを発生させます。しかしこの効果は、翼の遠方では消えます。

したがって、翼から十分離れたところでは、流れは、本来の流れ（一様流といいます）の方向と一致します（図7・1）。

ここはスプーンを過ぎる流れと決定的に異なります。スプーンを過ぎる流れは、スプーン通過後、流れが向きを変えました（図3・5）。

さてここで、もう一度図7・1を見てください。

二次元翼では、上向きに揚力が発生しています。厳密にいうと、揚力とは、一様な流れに垂直な方向に発生する力です。

この揚力に対し、流れに平行な方向に発生する力を、抗力（あるいは抵抗）といいます。そして二次元翼では、抗力はきわめて小さいのです。

二次元翼では、大まかには、揚力だけが発生していると考えてよいです。例えば流れを理想化し、流れに粘性がなく、しかも縮まないとします。このとき理論上は、揚力は発生しますが、抗力は発生しません。

もう一度繰り返します。「二次元翼では、揚力は発生するが、抗力はきわめて小さい」

三次元翼

実際の飛行機の翼は、翼幅方向の長さが有限です。このような翼は、「三次元翼」とよばれます。実は、飛行力学を正しく理解するうえで、二次元翼と三次元翼の差をきちんと理解することが、決定的に重要です。

二次元翼では、揚力は発生しますが、抗力はほとんど発生しません。では三次元翼では、揚力と抗力の関係はどうなるでしょうか。

このことを説明するために、翼を再び1本の渦で置き換えてみましょう。図7・2を見てください。

二次元翼では、図（a）のように、渦は直線に無限遠まで伸びています。二次元翼は、そういう場合に相当します。

これに対し三次元翼は、翼幅が有限です。このため渦は、図（b）のように、翼幅から後流中に流れ出ます。

厳密な議論では、渦は薄い面となって、少しずつ翼の後縁から流れ出ます。この渦の面は、実際には図（c）のように、後縁の後方で互いに巻き込み合い、結果として、図（d）に近い状態にな

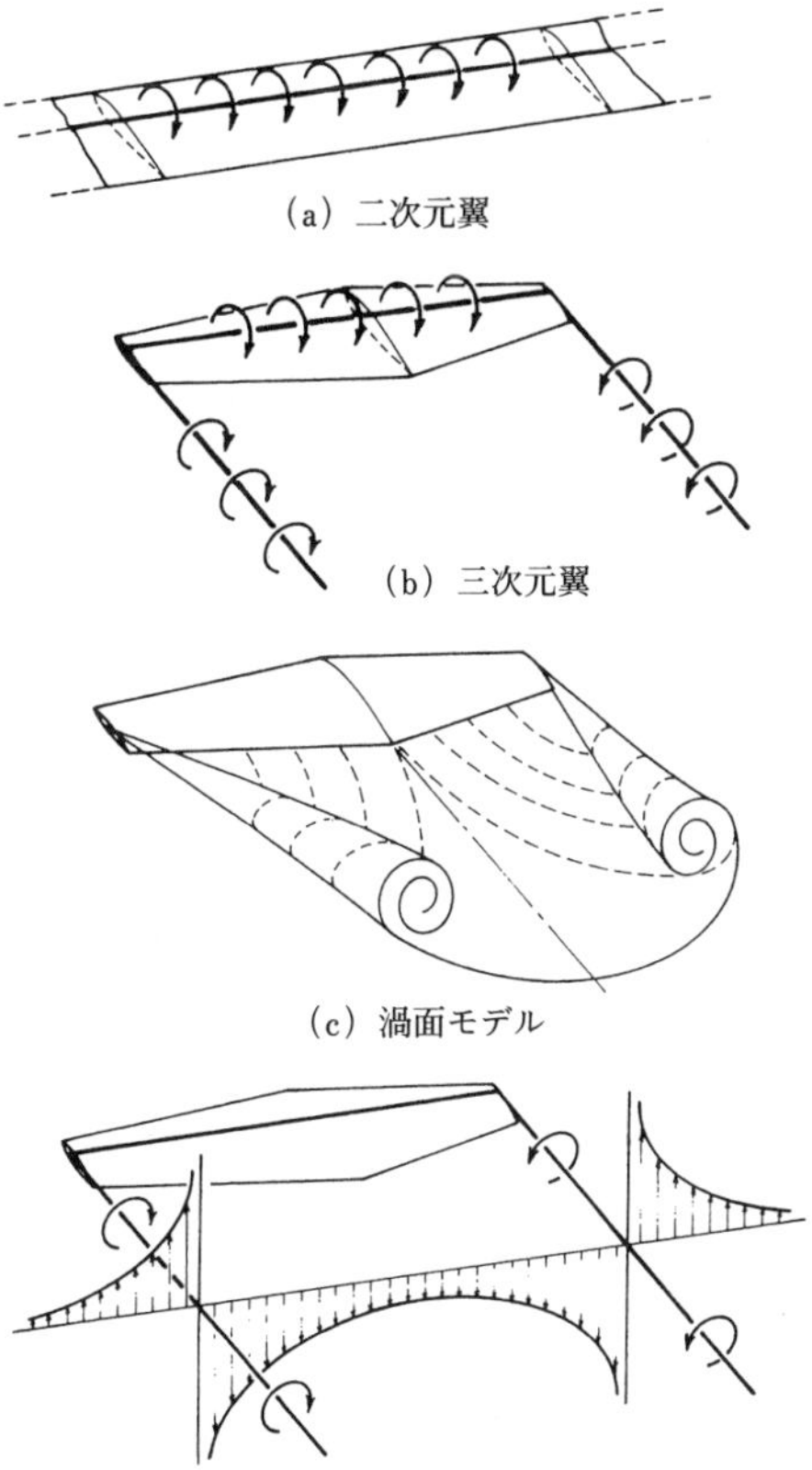

（a）二次元翼
（b）三次元翼
（c）渦面モデル
（d）翼端渦による流れ

図 7.2　三次元翼の渦モデル

っています。

このとき両翼端から出る渦は、図（d）のように、新しい流れの場を作ります。両翼端から出る渦は、チップ・ボルテックス（翼端渦）などとよばれます。

チップ・ボルテックスは、翼の周辺に新しい下向きの流れ（吹き下ろし）を誘起します。これが二次元翼と決定的に違う点です。

誘導抵抗

図7・3を見てください。いまご説明した理由で、三次元翼では、翼のところに下向きの流れ（吹き下ろし）が発生しています。このため、流れは下方に傾いています。

翼の断面に発生する揚力——図7・1に示した二次元翼としての揚力——は、この下方に傾いた流れに直角に発生します。

したがって断面に発生する揚力は、図7・3に示したように、少し後ろに傾いています。また、

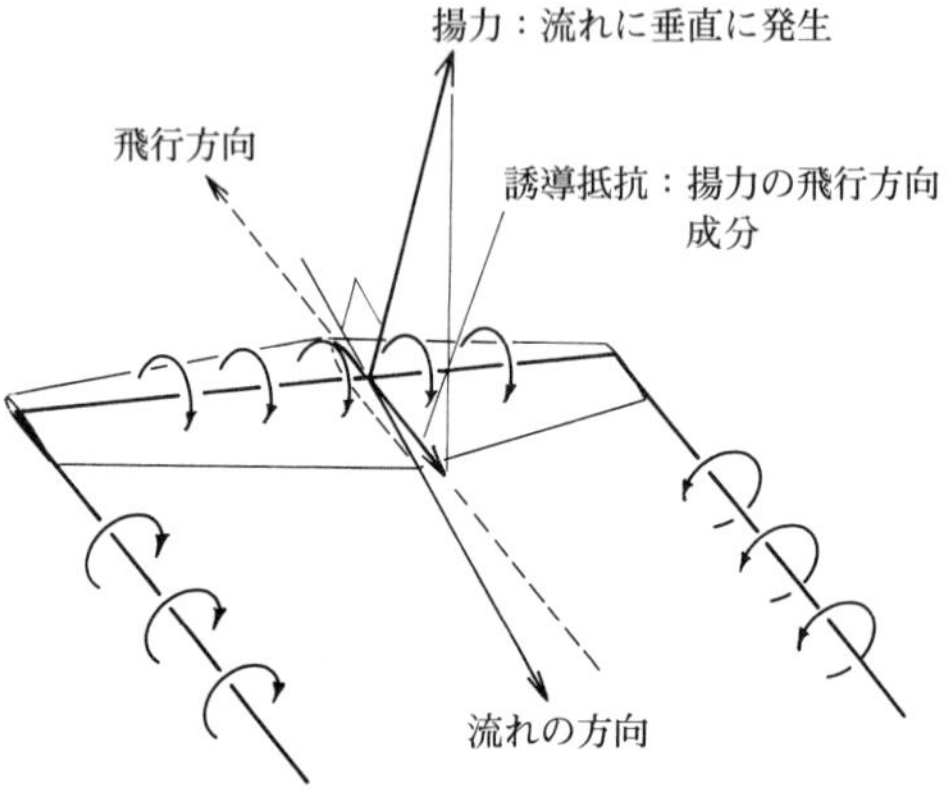

図7.3　誘導抵抗の発生．翼端からの渦により，流れは下向きに曲がっている．揚力はこれに直角に発生し，後方に傾く．これが誘導抵抗となる．ここが二次元翼と決定的に違う．

図7・1と同じ揚力を発生するためには、流れが下向きになった分だけ、流れに対する翼の傾き（迎角）を増すことが必要になります。

ここが、二次元翼と三次元翼の決定的な違いです。二次元翼では、抗力（一様流に平行な抵抗）はほとんど発生しません。しかし三次元翼では、揚力が後ろに傾き、揚力が一様流（すなわち飛行方向）と平行な成分を持ちます。これは飛行機にとって抗力、すなわち抵抗となります。

このように翼を用いる飛行機では、揚力を発生させると、必然的に抵抗が発生します。これは「誘導抵抗」とよばれます。

誘導抵抗は、飛ぶものの独特の抵抗です。飛ぶものの宿命といってよいものです。

誘導抵抗は、翼が揚力を得る代償として、流れを曲げるために発生します。そのことを、スプーンの実験（図3・5）で改めて確認してください。

厳密にいうと、スプーンが流れを曲げるのは、コアンダ効果とよばれるものに近い現象です。しかし揚力が発生すると、流れが逆方向に曲がります。ここは、本質的に翼の働きと同じです。

縦横比（アスペクト・レシオ）

誘導抵抗は、翼面に誘起される吹き下ろしによって発生します。これは、翼幅が有限であるために発生します。

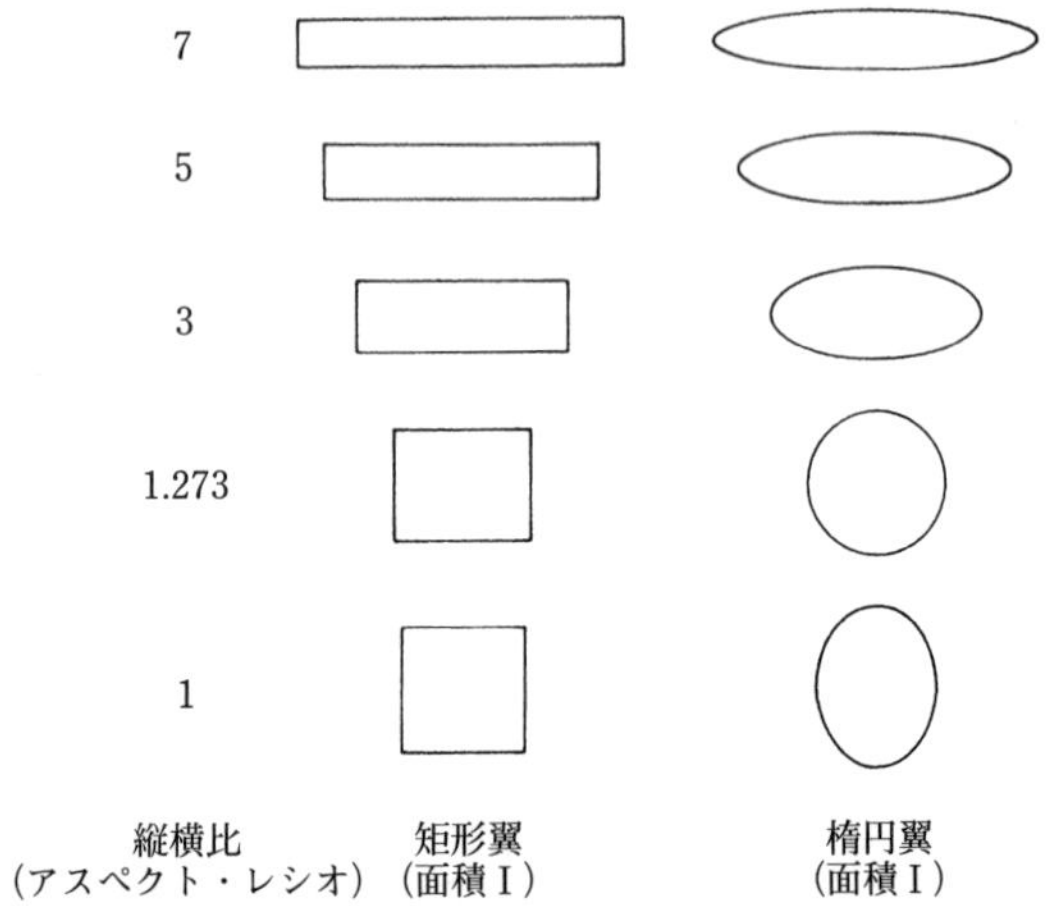

図 7.4　翼の縦横比（アスペクト・レシオ），矩形翼でない場合は，「(翼幅)^2／面積」で計算する．

翼が翼幅方向に「有限である程度」をどう表したらよいか。飛行力学では、「縦横比」という言葉を使います。翼幅（スパン）をb、翼弦長をcとすると、短形翼では、縦横比はb／cで定義されます。

しかし翼は、必ずしも短形翼だけではありません。後退翼もあるし、テーパーのついた翼もあります。このため縦横比Aは、一般の翼に対しては、次のように定義されます。Sは翼面積です。

$$A=\frac{b^2}{S}$$

縦横比は、「アスペクト・レシオ」ともよばれます。このため記号Aを用いました。短形翼の場合、Sはbcで、Aはb／cに一致します。縦横比（アスペクト・レシオ）と翼の平面形の関係を、図7・4に示します。

プラントルの揚力線近似

誘導抵抗は、翼面に誘起される吹き下ろしにより、流れが下向きに傾くことによって発生します。この傾き角を ε としましょう。

誘導抵抗の計算で、最も本質的な意味を持つのは、この傾き角 ε の推定です。ε は、縦横比 A と、どのような関係にあるのでしょうか。

ε と A の間に、解析的関係が知られているのは、一例しかありません。それは、「プラントルの揚力線近似」とよばれる翼理論の場合です。これはきわめて古典的な理論です。

プラントル（１８７５〜１９５３年）はドイツの応用力学者で、航空力学の基礎を築きました。プラントルによれば、翼の縦横比が大きく、平面形が楕円のとき、翼面に誘起される吹き下ろしは、翼幅方向に一様になります。そして吹き下ろしによる傾き角は、次のようになります。

$$\varepsilon = \frac{C_L}{\pi A}$$

ここで C_L は揚力係数、π は円周率、A は縦横比です。

この簡潔な表現は、三次元翼に誘起される吹き下ろしの本質を示すものとして、広く受け入れられています。ただし、この結果を導くのは、必ずしも簡単でありません。

それは、誘起速度を計算する過程で、コーシーの主値とよばれる特殊な積分計算を必要とするからです。これはコンピューターがなかった遠い昔、先人たちが物事の本質を解析的に表現しようとした時代に、プラントルという天才が導いた見事な結果です。

この表現の肝心なところは、吹き下ろしによる傾き角εが、縦横比Aを介して、翼幅bの「2乗」に反比例することを示した点です。この結果は風洞試験で支持され、現代でも使用されています。

プラントルの表現は、飛行の本質を示しています。しかし、繰り返しになりますが、その経緯を辿るのは、労なしとしません。皆さんは、この結果を受け入れてくだされればよいです。ただし興味ある方は、『航空機力学入門』（文献5）を読んでください。私流の解説が書かれています。

抵抗係数

次に誘導抵抗と揚力の関係を求めましょう。

翼のところで、空気が下向きに角度εだけ曲げられます。このため揚力Lが、飛行方向（一様流の方向）と平行な成分D_iを持ちます。これが誘導抵抗です。

εは小さい角度ですので、D_iは次のように近似することができます。εの単位はラジアンです。1ラジアンは約57度17分です。

$$D_i = L\varepsilon$$

両辺を動圧と翼面積で割って無次元化し、εにプラントルの近似を代入しましょう。かくして誘導抵抗係数C_{Di}の表現を得ます。添え字のiは、「インデュースト」（誘起された）の頭文字です。

$$C_{Di}=\frac{C_L^2}{\pi A}$$

誘導抵抗係数は、楕円翼の場合が最小になります。プラントルの揚力線近似は、実は翼の理想形態なのです。このため実用上は、誘導抵抗係数は、次のような形を仮定して使用します。

$$C_{Di}=\frac{C_L^2}{\pi eA}$$

eは一種の補正係数で、「飛行機効率」とよばれます。通常0・8ぐらいの値です。

飛行機にはこれとは別に、本来の抵抗、有害抵抗があります。有害抵抗は、飛行機の抵抗の本質的部分です。機体が、空気の中を進むときの抵抗です。

有害抵抗には、圧力抵抗（前後の圧力差による抵抗）や、翼と胴体の干渉の影響による抵抗なども含まれます。ただし主要部は、飛行機の場合、あくまでも空気との摩擦抵抗です。揚力がゼロでも発生する抵抗です。

飛行機の抵抗は、有害抵抗と誘導抵抗を加えたものです。したがって、飛行機の全抵抗係数C_Dは、次のようになります。

$$C_D=C_{DO}+\frac{C_L^2}{\pi eA}$$

C_{DO}は、有害抵抗係数とよばれます。揚力係数C_Lがゼロのときの抵抗係数です。

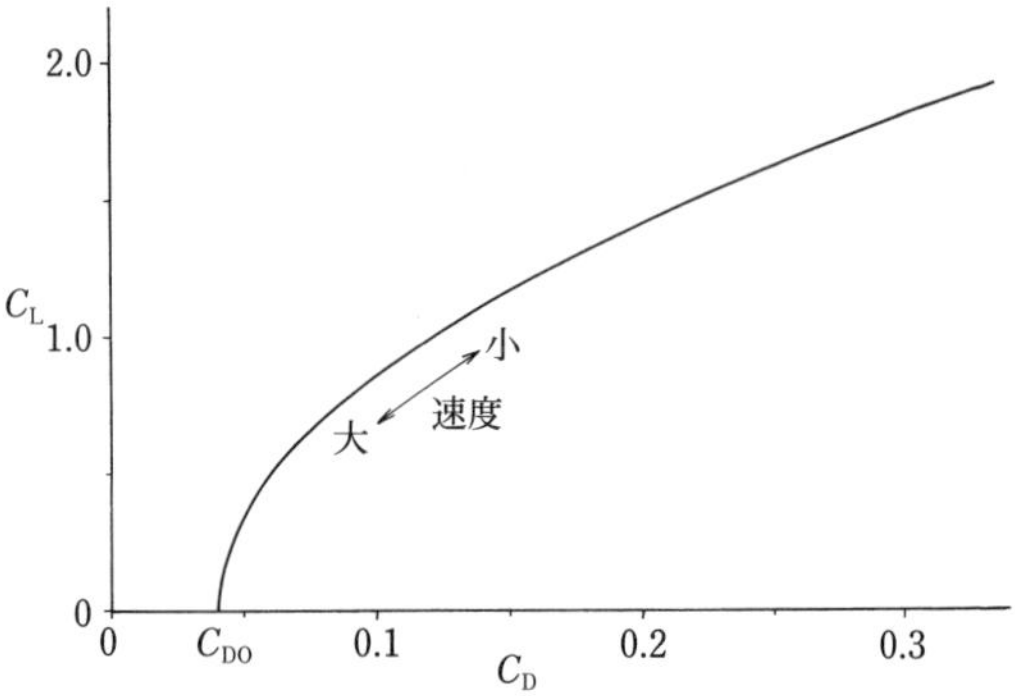

図 7.5 抵抗係数と揚力係数の関係．C_L–C_D 曲線，ポーラー曲線などと呼ばれる．

ポーラー曲線

揚力係数C_Lと抵抗係数C_Dの関係は、一般に図7・5のようになります。これはC_L-C_D曲線とかポーラー曲線とよばれます。

この図は、典型的な紙ヒコーキやハンドランチ機を想定して描かれています。失速の影響は考慮されていません。参考までに、実物の飛行機のC_L-C_D曲線の例を図7・6に示します。紙ヒコーキやハンドランチ機のそれを、比較のために点線で示しました。

模型機と実機で最も違うのは、有害抵抗係数C_{DO}です。音速より下の速度で飛ぶ実物の飛行機のC_{DO}は0・02くらいです。また前出B-2のような全翼機はさらに小さく、0・01くらいと私は推測しています。

これに対し模型型機のC_{DO}は、0・04くらいと私は考えています。模型機のC_{DO}が大きいのは、境界層が層流になっているためです。この値は平板の摩擦抵抗係数と、いくつかの翼の有害抵抗係数のデータを参照して推定しました。

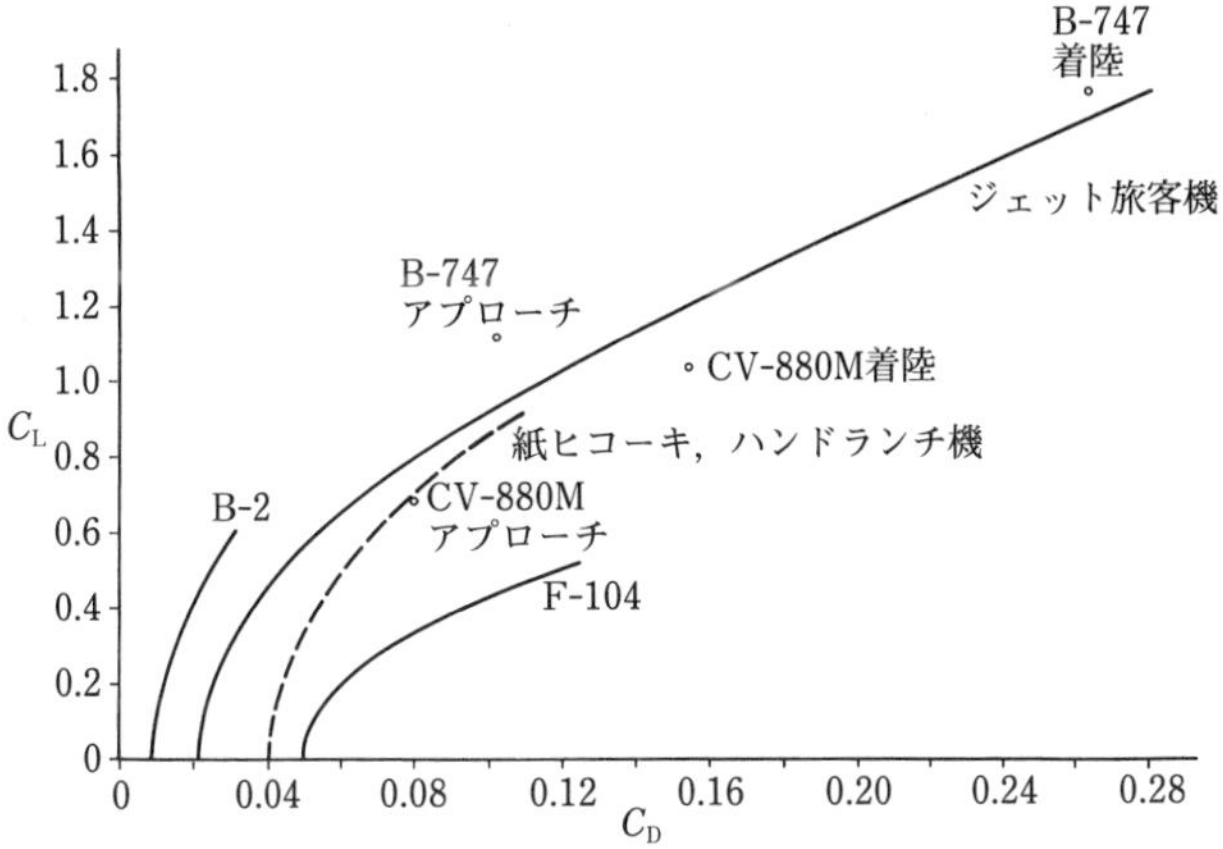

図 7.6 いろいろな飛行機のポーラー曲線.

最適な縦横比

飛行機にとって、抵抗は小さいほど有利です。このためには、縦横比は大きいほど有利です。誘導抵抗が縦横比Aに反比例して小さくなるためです。

グライダーの縦横比が大きいのは（図1・3参照）、このためです。かつて地球を無給油で1周したボイジャーは、さらに大きな縦横比を使いました（図7・7）。

ただし縦横比を大きくすると、翼の付け根の強度が保たなくなり、重量が増加します。したがって現実には、もっと小さい縦横比で我慢することになります。

模型機の縦横比は、実機に比べると小さいです。ハンドランチ機も紙ヒコーキも、高速で投げ（あるいはゴムで打ち出して）、飛ばします。このとき（大揚力による）翼の破壊を避けるために、縦横比は5程度に下げざるを得ないようです。図7・8は、ハンドランチ機の飛行をコンピューター計算で模擬した、いわゆるコンピューター・シミュレーションの一例です。その旋回は、後に述べる戦闘機のそれを彷彿させます。

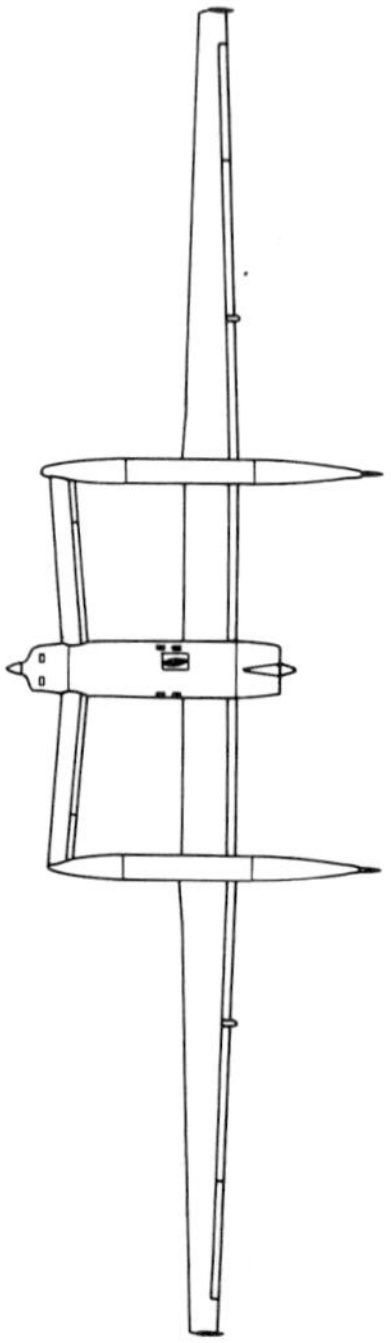

図 7.7　ボイジャーの平面図.

ちなみに戦闘機は、きわめて激しい運動をします。そのとき翼に、大荷重がかかります。現代の戦闘機の縦横比は、3程度です。

横の操縦

これまで「縦（ロンジテュージナル）の操縦」についてお話してきました。これには飛行機の縦揺れ（ピッチ）がかかわりました。これから「横の操縦」についてお話したいと思います。

飛行力学で「横の」というときは、通常機体の横の傾きがかかわります。「横の」を表す言葉は「ラテラル」で、「緯度」などを表す「ラティテュード」からの派生語です。横の傾きは「ロール」、「横揺れ」といいます。

横の操縦は、主翼外側の後ろ側にある補助翼（エルロン、図6・1）を中心に行われます。アスペクト・レシオ（縦横比）の大きい翼では、スポイラー（揚力を減殺《スポイル》する操縦翼面）も併用されます。横の操縦には、方向（ディレクショナル）の操縦が併用されることも多いです。このときには垂直尾翼の後ろ側にある方向舵（ラダー、図6・1）が使われます。

横の運動の典型は旋回です。一般に旋回には、揚力増加が必要です。このとき誘導抵抗が増加します。激しい旋回では揚力と抵抗が急増し、飛行力学的に興味ある問題を提起します。

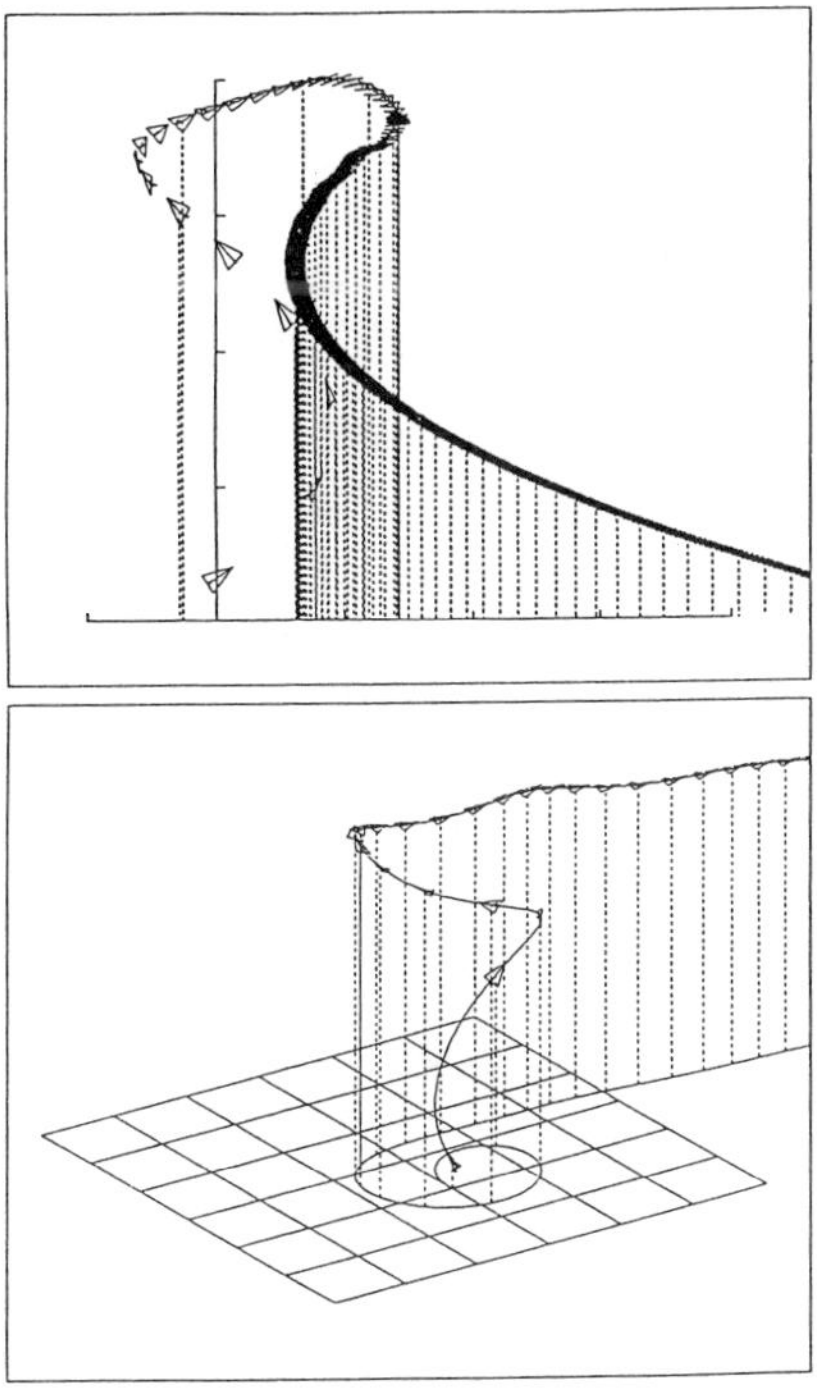

図 7.8 ハンドランチ機の飛行のコンピューター・シミュレーションの一例（文献 24).

水平旋回

ここでは水平旋回を考えます。

経路を曲げるには、曲げる方向に力を加えなければなりません。飛行機に発生している力のうち、最も大きいのは揚力です。このため飛行機は、曲がる方向に機体を傾けます。

図7・9は、水平面内で定常旋回中の飛行機を後方から見た様子を示します。このとき、少なくとも次の二つの条件が成立していなければなりません。

まず、翼の発生する揚力の鉛直方向の成分が、重量を支えなければなりません。同時に揚力の水平方向成分が、機体の円運動（旋回）を可能にする向心力を作り出さなければなりません。

このため旋回中の揚力は、水平定常飛行より大きくなります。旋回では、機体を横に傾けるだけでなく、機首を上げ、迎角を増大させて飛ぶことが必要になります。

また向心力は速度の2乗に比例し、旋回半径に反比例します。したがって速度が大きいほど、また旋回半径が小さいほど、横の傾き（ロール角）が大きくなります。

水平旋回の激しさは、機体のロール角を見ればわかります。例えばロール角が60度であれば、揚

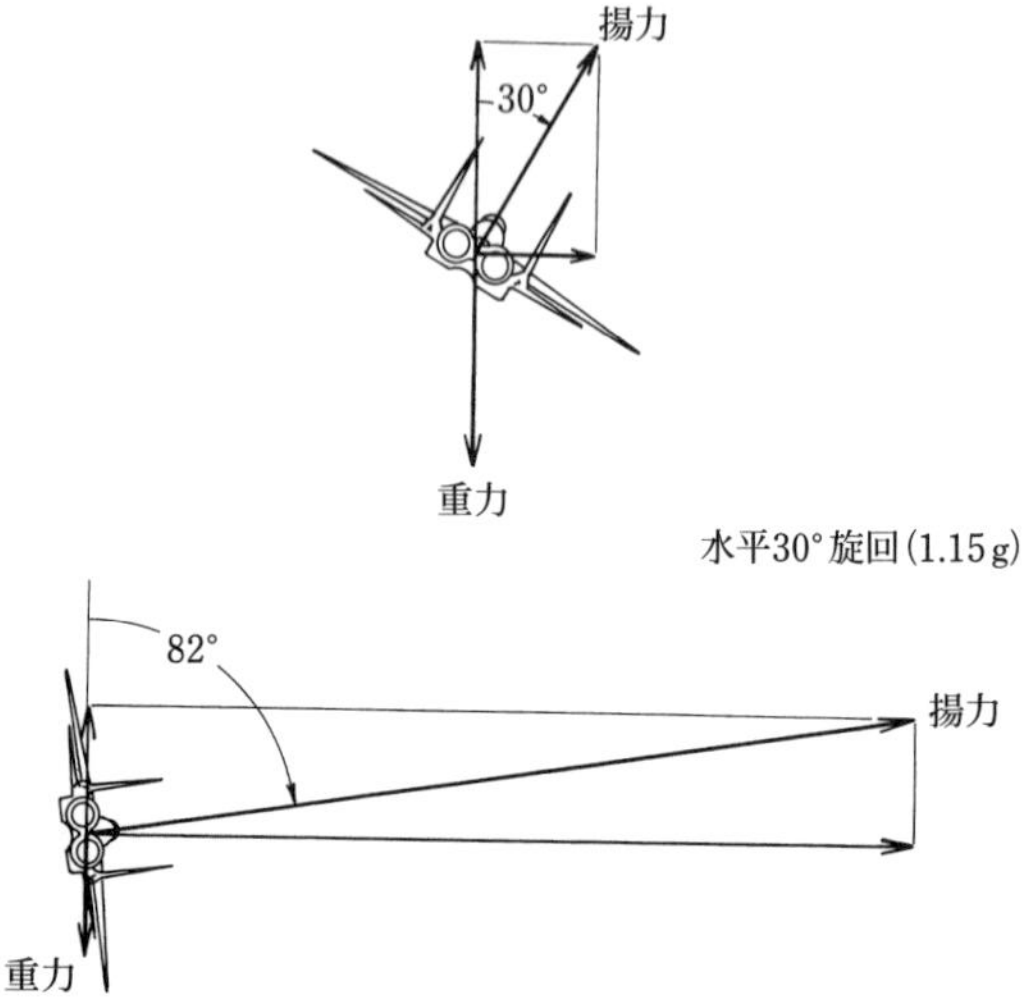

水平82°旋回(7g)

図7.9　水平定常旋回

力は重量の2倍になっています。

荷重倍数

旋回の激しさを表すもう一つの指標は、揚力が重量の何倍であるかを示す数です。これは荷重倍数とよばれます。

例えば60度水平旋回の荷重倍数は、2です。通常これを2gの旋回といいます。ここで「2g」とは、揚力方向に重力の2倍の力が加わることを意味します。

戦闘機のように過激な運動性を売り物にする飛行機では、荷重倍数が7程度になることは稀でありません。

7gの定常水平旋回では、機体は横に82度傾きます。このときパイロットは、重力の7倍の遠心力で座席に押しつけられます。この程度の荷重が、人間が耐えうる限界に近いとされています。大きな遠心力がかかると、体だけでなく、血液も下方に押し下げられます。このため視野が狭まったり、操縦操作ができにくくなるなど、各種の障害が発生します。このためパイロットには、Gスーツとよばれる圧力服が必要になります。

図 7.10　F-4 ファントム

戦闘機の旋回

旋回時には、揚力増加で抵抗が急増します。その程度を数値例で確認してみましょう。

重量3万9千ポンド（約1万7700キロ）の戦闘機が、高度3万5千フィート（約1万700メートル）をマッハ0・9で巡航しているとします。揚力係数は0・26とします。

この数値は、F-4ファントム（図7・10）クラスの戦闘機を想定しています。古い機体ですが、たまたま公表された数値（文献25）があります。

このときの抵抗を推定してみましょう。そのため機体特性を若干仮定しなければなりません。ここでは仮に、有害抵抗係数0・02、飛行機効率0・75、縦横比2・8とします。

こう仮定すると、直線飛行の誘導抵抗係数は0・01、全機抵抗係数は0・03となります。これは公表されている巡航時のファントムの抵抗係数0・032とほぼ矛盾しません。

このときの全機抵抗は4500ポンド（約2040キロ）となります。抵抗は重量の約1割です。

この機体を、速度を変えずに4gの旋回に入れるとどうなるでしょうか。

揚力係数が4倍ですから、誘導抵抗係数は16倍となり、全機抵抗係数は0・18となります。抵抗は2万7千ポンド（約1万2200キロ）で、直線飛行時の6倍、重量の約7割となります。もし失速しないと仮定して7gの荷重をかけると、抵抗は実に17倍、自重のほぼ2倍となります。

このような理由で現代の戦闘機は、自重と同程度の推力を有するエンジンを搭載しています。

坂井三郎の左旋回

戦闘機は、速度とともに、過激な運動性が要求されます。かつて戦闘機は、機関砲で相手を攻撃しました。このため高速で相手の後尾に回り込む（あるいは回り込まれたときは回避する）ことが必要でした。そのため強いエンジンを持ち、荷重倍数の大きな旋回ができること、速いロール回転のできること、が必須でした。

現代、攻撃はミサイルで行うことが主となりました。しかし攻撃に有利な位置を敏速に占めるためなど、エンジンや旋回性能への要求は変わっていません。

激しい旋回飛行の一例を示したいと思います。以下は第二次大戦の撃墜王坂井三郎氏が、硫黄島上空で15機のアメリカ戦闘機に囲まれたときの様子です。

零戦で飛ぶ坂井機に、グラマンが1機ずつ執拗に襲いかかります。坂井氏は、それを左への急旋回で回避します。引用は『大空のサムライ』（文献26）からです。

ちなみに坂井氏の著書は、ゴースト・ライターの手になるものではありません。一言一句、本人の手になるものです。私は長い取材で、そのことを確かめました。

「射ったな！　瞬間、私は左足をぐっと踏んだ。飛行機は左にすべる。ついで操縦桿を左へ倒す。機は左に横すべりしながら左へ急旋回する。とたんに、私の右の翼下を、光るものが数十条の縞になってさーっと通り過ぎた」

「もうほとんど右うしろへ振りかえったきりで、つぎつぎと襲いかかってくる敵機の射弾を、前と同じ要領の左急旋回の横すべりで、敵が襲いかかってくるたびに、巧みに避けた」

「急激に加わる荷重のために、翼はたわんで、波型にシワがよっている。このままだと空中分解するかもしれない」

「私の咽喉はからからに乾いている。操縦桿を引きっぱなしにひいているので、腕の疲労はもう極限まできている」

過激な操縦から機体を守るには

この手記を引用したのは、二つ目的があります。一つは、この種の飛行が、「空中分解するかもしれない」限界近くを飛ぶことを示すためです。もう一つは、「腕の疲労はもう極限」に達するほど、操縦系統は肉体的な力が要るよう設計されていたことを示すためです。

現代の自動車は、油圧機器などを用いて、ハンドルやブレーキの操作力を軽減しています。当時の飛行機に、このような装置はありません。舵面を傾けると、空気力が舵面のヒンジまわりに、モーメントを作ります。したがって操舵には、腕力が必要でした。

操舵力を軽くすることは、ある程度可能でした。しかし操舵力が軽すぎると、過激な操縦で機体が強度限界を超え、空中分解する可能性があります。それを防ぐため大きなgの飛行では、大きな腕力が必要なように設計されていました。

このときの操舵力も、重心位置に関係します。重心が前方にあるほど、(縦の舵の利きが悪くなり)縦の操舵力が大きくなって、軽快な運動ができにくくなります。

冒頭で、パーキンス・ヘーグの教科書に触れました(図1・2)。そこで重心許容範囲の話をしました。

あの図で、前方重心を最も厳しく制限するのは、この条件です。すなわち、機体の軽快な運動性(舵の利き)を保証する条件で、Max limit on dFs/dn と書かれた斜線がそれです。

戦闘機には、常に極限の性能が要求されます。歴史的に見ると、飛行の進歩に大きく貢献したのは、戦闘機でした。また戦闘機は、操縦の難易度が高い機体でした。それに極限の性能を発揮させるために、優れた操縦術が生まれました。

操縦の名人芸については、最後の章でお話します。

第8章　ヘリコプターのローターはなぜ大きいか
——空中静止

ヘリコプターと飛行機

ヘリコプターと飛行機、どこが決定的に違うのでしょうか。まず、図8・1を見てください。この図は、ヘリコプターと飛行機の力の釣合を描いたものです。

ヘリコプターは回転する細長い翼、ローターを上向きにして、その推力で機体の全重量を直接支えます。ローターは上を向いたプロペラで、回転翼ともよばれます。

これに対し飛行機は、プロペラやジェット・エンジンをほぼ水平にし、推力を空気抵抗を打ち消すのに使います。

大まかにいえば、飛行機のプロペラは、重量の1／10程度の推力を発生させるだけでよいです。これに対しヘリコプターのローターは、重量と同じ大きさの推力を発生させなければなりません。

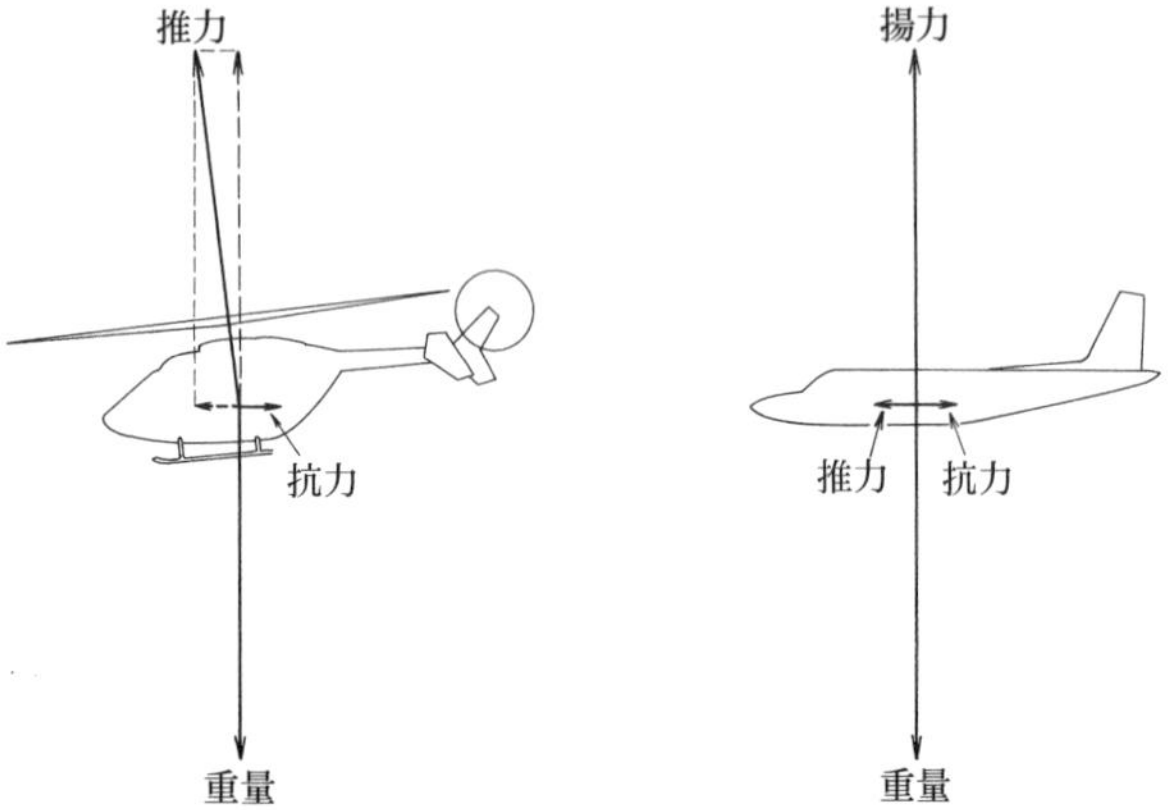

図 8.1　ヘリコプターと飛行機の力の釣合

したがって、もし重量が同じであれば、ヘリコプターのほうが飛行機に比べ、推力が1桁大きくなります。積んでいるエンジンの出力も、当然ヘリコプターのほうが大きくなります。

ここが、ヘリコプターと飛行機で決定的に違うところです。

このことは、飛行速度を別にすると、同じ時間だけ飛んだとき、ヘリコプターのほうが運航費が遙かに高くなることを意味します。

横に飛ぶか上下に飛ぶか

飛行機は、重量の1／10程度の推力で飛べるという利点を持っています。これは飛行機の揚抗比が、10程度の値であることによります。

これは、主に翼の特性からきています。揚力を発生させるという意味では、翼は圧倒的に効率のよい装置です。

しかし翼の特性を生かすためには、翼は動いていなければなりません。あるいは、飛行機が水平方向に飛び続けていなければなりません。ここが飛行機の、必ずしも欠点とはいえませんが、大きな制約の一つです。例えば、離着陸に長い滑走路が必要になります。

一方ヘリコプターは、重量と同じほど大きな推力を必要とします。しかしこの代償によって、空中に静止することができます。これをホバーないしホバリングといいます。このため離着陸する場所は、狭くても大丈夫です。ここはヘリコプターの、大きなローターから生じる利点です。

ローターは、空気抵抗が大きいです。また胴体形状も、飛行機ほど流線型でありません。ヘリコプターは、飛行機に比べ、小さい速度で飛ぶことを前提に設計されています。

極論すればヘリコプターは、上下方向に飛ぶとき、真の特長を生かせます。一方飛行機は、水平方向に速く飛ぶとき、最も力を発揮します。

採算

現在ヘリコプターは、旅客輸送用にも使われます。しかし採算ベースに乗った営業をすることは、なかなか困難のようです。その原因を遡ると、最後は「飛行機より1桁大きい推力が必要」ということになります。

最近は、都市と空港間のヘリコプター輸送も、盛んになってきました。料金は、タクシーの2倍程度に接近しています。それでも採算ベースに乗せるには、かなり頻繁に、しかも大勢の客を乗せて、飛ばなければなりません。

しかし実際には、天候の制限などで、運航率が落ちます。現在ヘリコプターは、有視界飛行方式といって、パイロットが目で見て飛ぶ飛び方が中心になっています。このため定期運航が難しく、これも輸送機関としてのヘリコプターの採算を困難にしています。

ただしヘリコプターを公費で運用する場合は、事情が異なります。例えば、災害時の救出や輸送に使用するような場合です。こういったところでは、ヘリコプターは圧倒的に優れた乗物です。

軍事目的で使用する場合も、ヘリコプターは優れた航空機となっています。ヘリコプターは、飛行場や道路のない場所で、輸送手段として格段に有用です。

そしてもう一つ特徴的なのは、地上戦での攻撃能力です。例えばミサイルを搭載すると、タンクをその射程外から攻撃できます。

吹き下ろしは秒速10メートル

ヘリコプターの特徴は、大きなローターです。なぜヘリコプターのローターがあれほど大きいのか、次にそれを説明したいと思います。

プロペラあるいはローターを、一つの特別な「面」と考えます。そこを空気が通り抜けるとき、面は前後の圧力差を支えると考えます。そのときの様子を図8・2に示します。

プロペラ面を通過する空気は、速度を速めます。飛行速度をVとし、気流の速さはプロペラ面で$(V+\nu)$、プロペラの十分後方で$(V+k\nu)$とします。νは一般に誘起速度とよばれます。

このようなモデルから誘起速度を計算すると、kが2であるという結論になります。

したがってプロペラ面で空気の速度が$V+\nu$であれば、プロペラの十分後方では、空気の速度は$V+2\nu$になります。

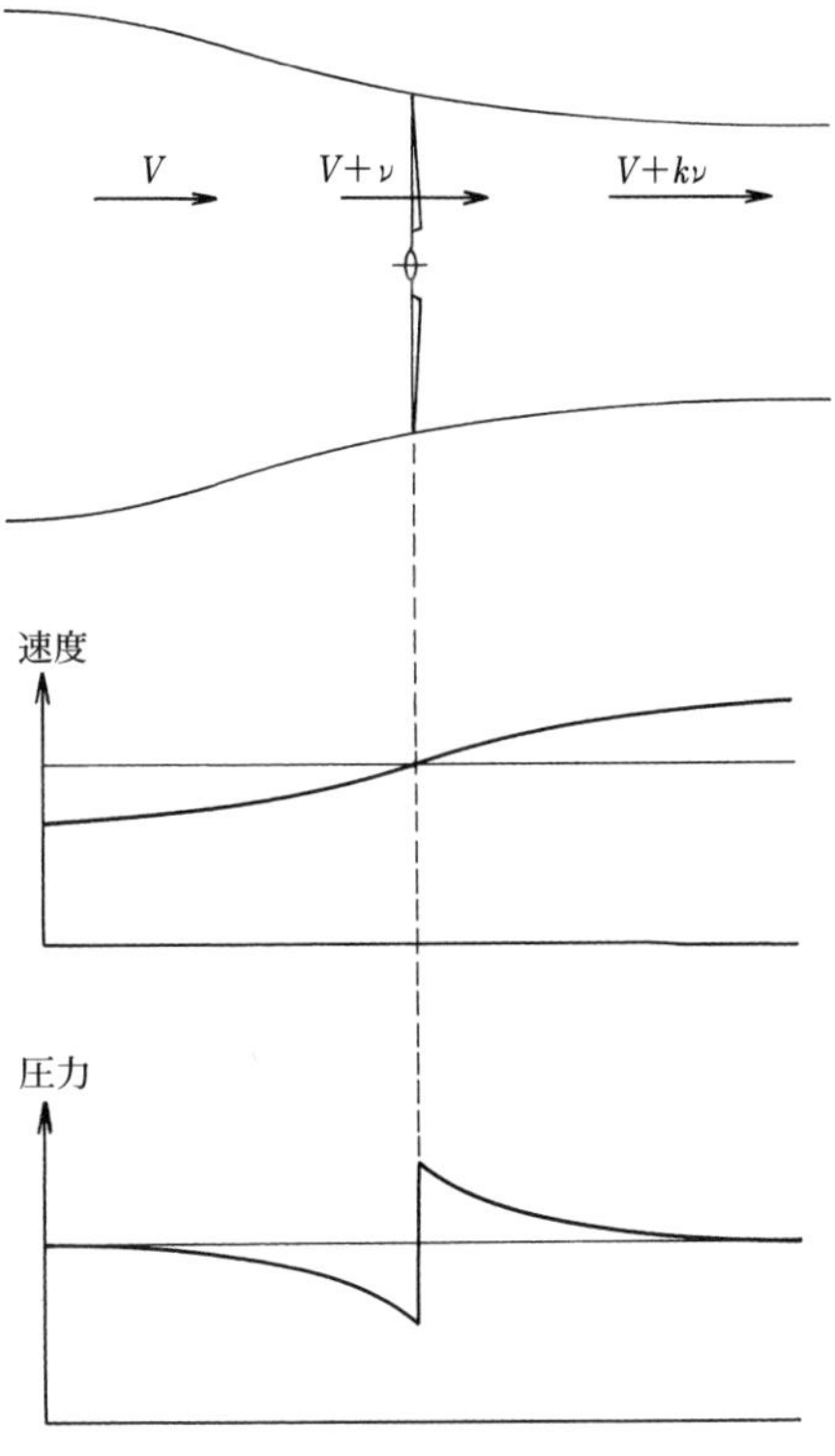

図 8.2　プロペラのモデル

この図を縦にしてみましょう。するとこれは、ヘリコプター・ローターが上昇しているときの図になります。ヘリコプターの世界では、νのことを通常、「吹き下ろし」といいます。

特にヘリコプターがホバーして空中に静止しているとき、Vはゼロです。

そして吹き下ろし$_{\nu}$が、ローター面を通り抜ける速度になります。

そして、そのときの上下方向の力の釣合条件を考えると、

「ホバー時のローター面の吹き下ろしは、ローターの直径に反比例する」

という結論になります。

また、同じ釣合い条件を実機の数値例に適用すると、ホバー時のローター面の吹き下ろしは、

「ほとんどのヘリコプターで秒速10メートル程度」

になります。

宙に浮かぶパワー

次にヘリコプターのローターと飛行機のプロペラの、直径を比較してみましょう。公平な比較をするために、重量がほぼ同じヘリコプターと飛行機を考えましょう。最近は単一発動機の飛行機が少ないので、少々古い機体を使います。

図8・3を見てください。ヘリコプターはベルのロングレンジャー、飛行機はセスナのステーションエア8です。質量は、ともに約1800キログラムです。

重量が同じだと、ローター直径と主翼翼幅がほぼ同じです。たまたまこうなったのですが、面白いですね。

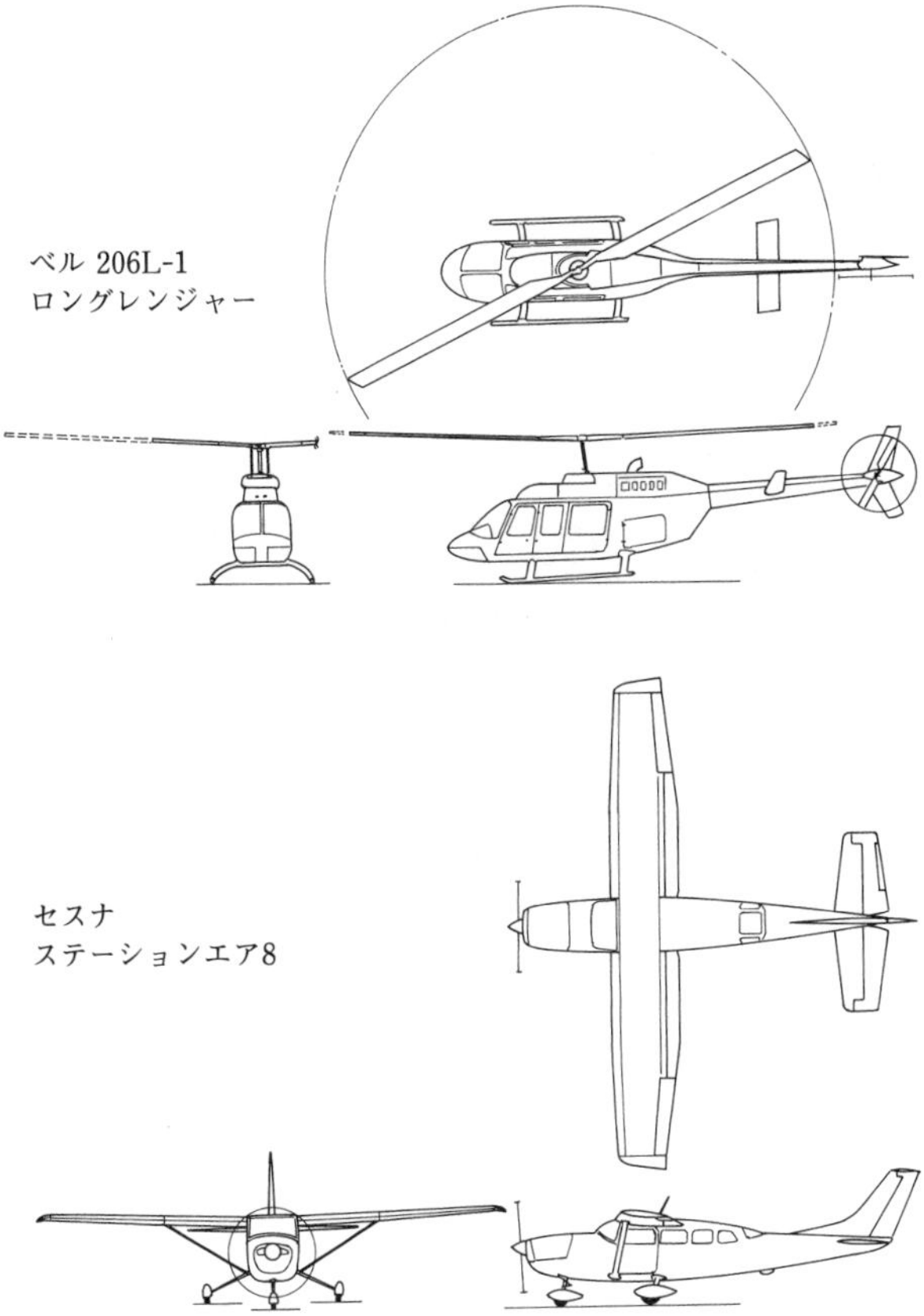

図 8.3　重量が同じヘリコプターと飛行機

ロングレンジャーのローター直径は11・3メートルで、500馬力のエンジンを積んでいます。一方ステーション8のプロペラ直径は2メートルで、300馬力のエンジンを積んでいます。

なぜこのような差が出るか、大ざっぱに確かめてみましょう。

ローターの吹き下ろしに推力を掛けると、宙に浮かぶパワーになります。推力はほぼ重量に等しく、吹き下ろしはローター直径に反比例します。

例えば重量が2千キログラムのとき、パワーPとローター直径Dの関係は、次のようになります。

$$P = 2650\text{馬力}/D$$

すなわちローター直径を1メートル、5メートル、10メートルと増してゆくと、パワーは2650馬力、530馬力、265馬力と急激に小さくなります。

実はこの計算には、ヘリコプターが宙に浮かぶためのパワーしか含まれていません。現実に飛行するためには、ローターを（空気抵抗に打ち勝って）回転させるパワーも必要です。ホバーでは、前者が6割、後者が4割程度です。

ロングレンジャーのパワー500馬力の6割は、300馬力です。先の計算では、直径10メートルに対し浮かぶためのパワーが、265馬力でした。このように浮かぶためのパワーの計算は、辻褄は合うと考えてよいです。

一方飛行機の場合、推力は重量の1／10程度でよいです。重量1800キロに対しては、180キロ程度でよいのです。

なぜならプロペラ面には、飛行速度（巡航速度を時速360キロとすれば、秒速100メートル）で空気が吹き込んできます。これはヘリコプターの吹き下ろしより、1桁大きいです。プロペラ推力は、その速度にほぼ比例して大きくなります。だからこそ、プロペラは小さい直径ですむのです。

このようにヘリコプター・ローターの直径が大きいのは、宙に浮かぶためのパワーを小さくするためです。しかし大きなローターを使えば、水平方向に飛ぶときの空気抵抗が、飛行機に比べ非常に大きくなります。

これこそが最初にお話した、「ヘリコプターは上下方向に飛ぶとき、真の特長を生かせる」理由です。

ハリアーとの違い

空中に浮かぶ飛行に関連して、VTOL機について考えてみましょう。VTOLとは、バーチカル・テイク・オフ・アンド・ランディングの頭文字で、垂直離着陸の意味です。

現在、ローターを使用せずに実用化されているVTOL機は、ブリティッシュ・エアロスペースのハリアー（図8・4）だけです。この飛行機は、ロールスロイスのペガサスNK103という特殊なエンジンを積んでいます。

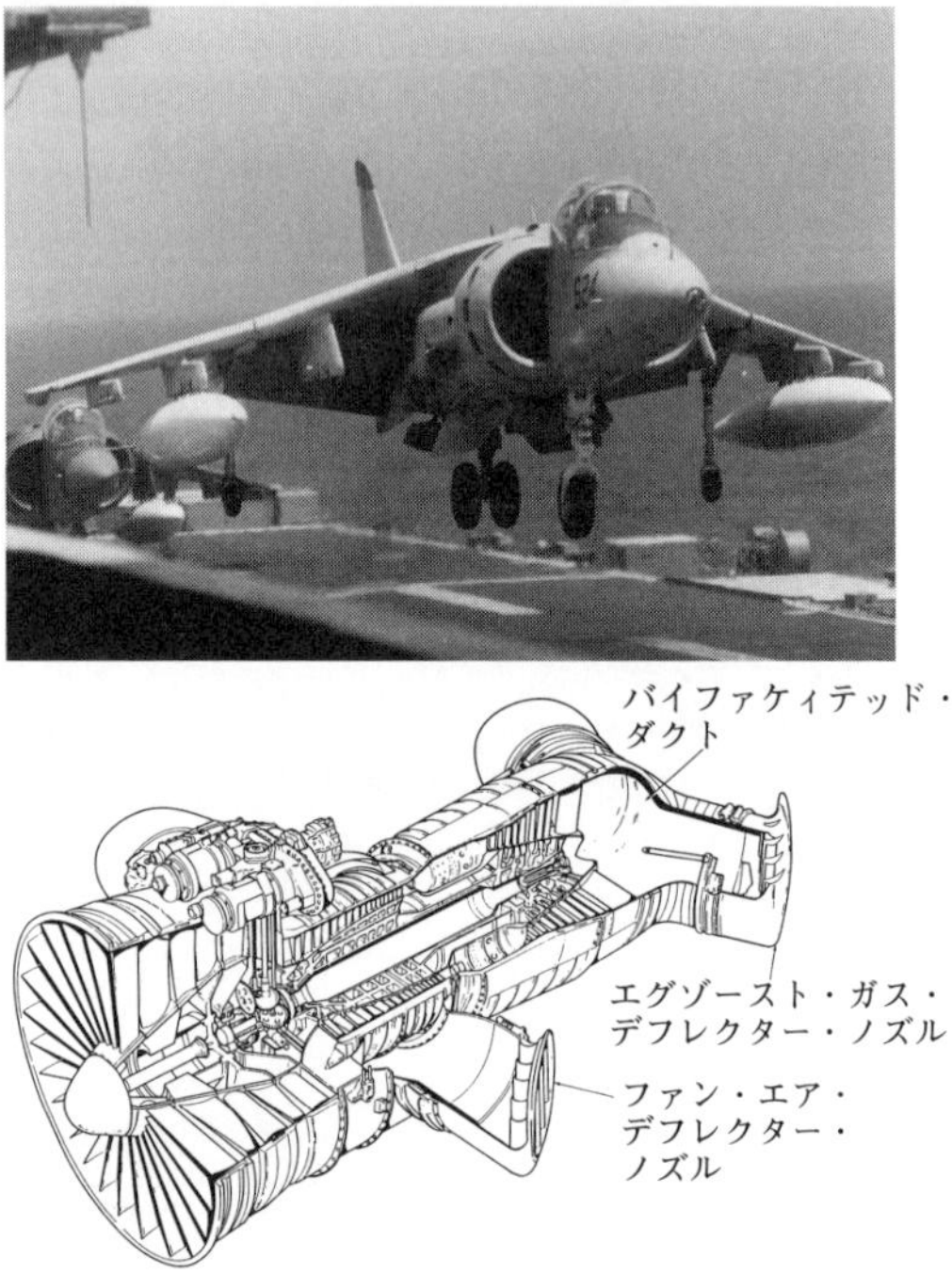

図8.4 ハリアーII（上）とロールスロイス ペガサスエンジン（下）（文献27）.

　このエンジンはＶＴＯＬ機用に特別に開発されたもので、排気孔（ノズル）の方向を曲げられるようになっています。ノズルの方向を変えることによって、推力を前進にも空中に浮かぶためにも使用できます。

　このエンジンは、ノズルを４つ持っています。ホバーする場合、４つのノズルを下に向けます。その４つのノズル面積の和が、ヘリコプターのローター面積に相当します。

　ハリアーが宙に浮かぶパワーは、この面積の和に反比例します。それがヘリコプターのローター面積といかに違うか、考えてください。

　ローター面積は、ハリアーの排気孔面積より2桁（１００倍）大きいです。両者を等価な円の面積で比較すると、その直径はヘリコプターのほうが1桁（10倍）大きいです。

ホバーするためのパワーは、直径が小さいほど大きくなります。宙に浮かぶには、ハリアーのようなVTOL機は、ヘリコプターに比べ圧倒的に不利になります。

実際ハリアーを空中で静止させるような使い方は、エア・ショーを除けば、ほとんどありません。離着陸も、たいていは斜めの経路を飛びます。たとえ垂直に離陸しても、すぐ水平飛行に移ります。そうしないと、燃料が足りなくなるからです。

そういうことを頭に入れて、もう一度ローターを思い浮かべてください。あの大きなローターこそが、ヘリコプターの優位を支えているのです。

ハリアーは際立つ傑作機です。しかしそのVTOL飛行が優位を誇るのは、まだ軍事目的に限られています。

フラッピングとラギング

ヘリコプターのローターは、飛行機のプロペラと決定的に違う点があります。それは付け根の状態です。

プロペラの付け根は、シャフトに頑丈に固定されています。もちろん、羽根の取付け角（ピッチ角といいます）は、希望する角度に調整できます。しかし可動部分はここだけで、付け根とシャフトはいわば一体です。

　これに対しローターの羽根（ブレードといいます）は、シャフトに対し二つのヒンジ（蝶番《ちょうつがい》、関節）を介して繋がっています。付け根の様子を模式的に描くと、図8・5の上のようになります。

　同じ図の下に、操縦機構を拡大して、これも模式的に示します。ヘリコプターの操縦とは、推力を増減し、あるいは推力を傾けることです。

　それは、図のスウォッシュ・プレートとよばれる円盤によって行われます。これを上下に動かし、あるいは傾けることが、操縦です。

　ヘリコプター・ローターの羽根（ブレード）は、図のように二つのヒンジ（蝶番）によって、二種類の回転運動をすることが許されます。結果的にローター・ブレードは、付け根に対し「ぶらんぶらん」の状態で、シャフトに繋がっています。

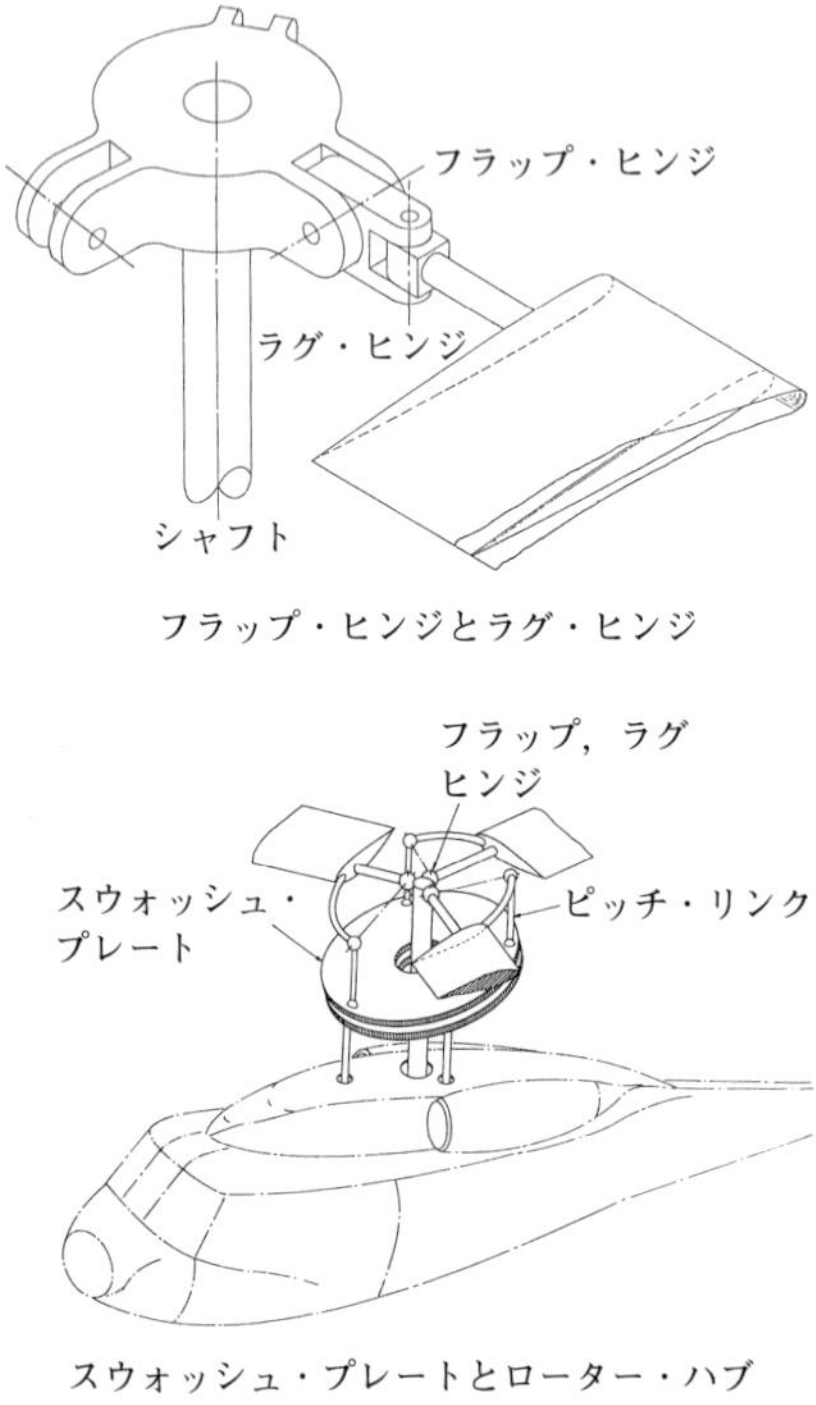

フラップ・ヒンジとラグ・ヒンジ

スウォッシュ・プレートとローター・ハブ

図8.5　ローター機構（文献28）

ブレード付け根の二つの蝶番は、フラップ・ヒンジ、ラグ・ヒンジとよばれます。二つの蝶番の軸は、ほぼ直交しています。典型的には、フラップ・ヒンジは、シャフトにほぼ直角です。一方ラグ・ヒンジは、シャフトにほぼ平行です。

フラップ・ヒンジまわりの運動は、フラップないしフラッピングとよばれます。ラグ・ヒンジまわりの運動は、ラグないしラギングとよばれます。

ヒンジレス・ローター

最近のヘリコプターのローターは、このようなヒンジが「ない」ものが多いです。ヒンジ部分が、弾性変形する部材で繋がっているのです。それらは、ヒンジレス・ローターとかフレキシブル・ローターなどとよばれます。

ヒンジレス・ローターは、(ヒンジがないことによる)付け根部分のばね効果で、操縦性が改善されます。同時に構造が単純になり、点検や整備が容易になります。後者の利点は大きく、ヒンジレス・ローターは広く普及しました。

ただしヒンジのないローターでも、それを数学的にモデル化すると、ヒンジのある状態にかなり近いです。例えばその部分を「ばね付きのヒンジ」で置き換えると、ばねの強さは小さいです。

したがってヒンジのないヘリコプターでも、基本となる特性は、ヒンジのあるヘリコプターに近

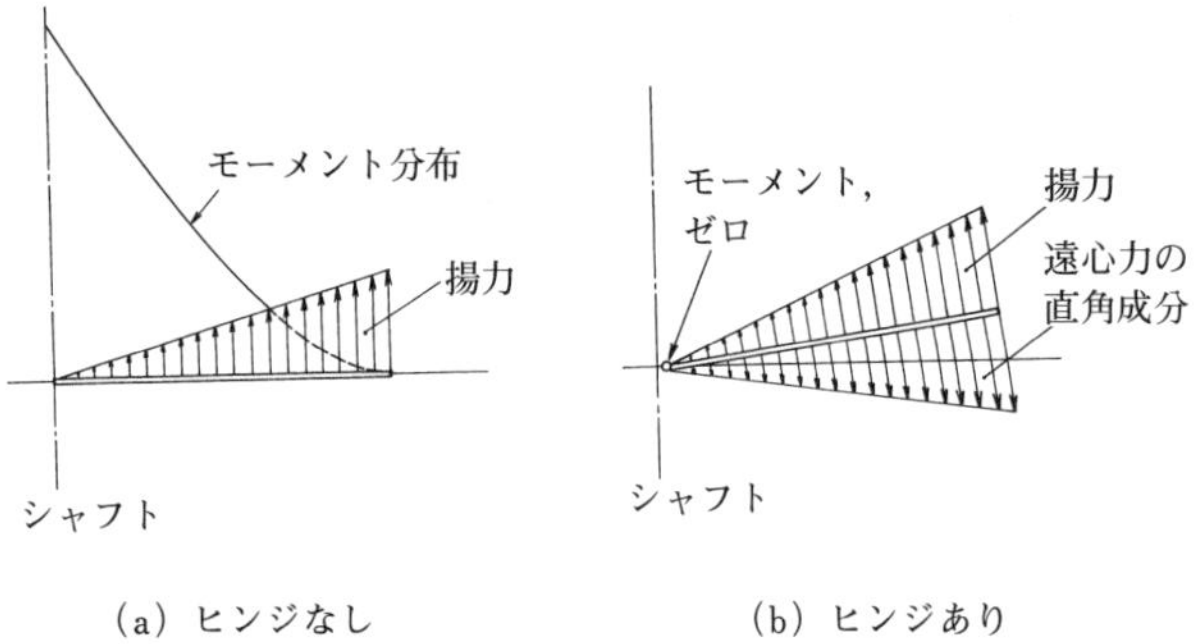

図8.6　フラップ・ヒンジの効果

いです。以下では、ヒンジのある場合について説明します。ヒンジは、ヘリコプターの特性を際立って特徴づけるものです。なぜヒンジが必要か、説明します。最初に、フラップ・ヒンジから始めます。

フラップ・ヒンジがない場合

模型ブレードの風洞実験を行うとします。手っ取り早く、ヒンジのない場合から始めるとします。

模型ブレードを、あるピッチ角を与えてシャフトに固定します。例えば木製ブレードを使えば、シャフトへの接着は容易です。

シャフトを回転させると、揚力が発生します。揚力は、大ざっぱには、半径方向に三角形型に分布します。その様子を、図8・6に示します。

(a)が、ヒンジのない場合です。揚力が三角形分布なら、付け根のモーメント(ブレードを曲げる作用)は計算できます。モーメント分布と記された線が、それです。

このとき発生するモーメントは、付け根にいくほど急激に増加します。木製のブレードなど、あっという間に折れてしまいます。

したがって模型ブレードでも、ひとたび推力を発生させようとしたら、付け根は恐ろしく太くすることが必要になります。

折れないようにするために、どの程度の太さが必要か。模型の場合はさておき、実機の場合なら想像できます。

重量1800キロの飛行機の推力は、180キロぐらいでした。その程度の推力を支えるのに、プロペラの付け根は、人間の二の腕ほどの太さです。その太さで、しっかりシャフトに固定されているのです。

重量1800キロのヘリコプターであれば、ローターは1800キロを支えなければなりません。仮にプロペラ型のローターを用いたら、付け根は象の足くらいの太さになるでしょう。

これでは重すぎて、とても宙には浮かべません。

では、ヒンジをつけるとどうなるか。それを説明するのが、図8・6の（b）の図です。

ヒンジがある場合

フラップ・ヒンジをつけると、ブレードは自由に回転できます。揚力があると、ブレードは上向きに回転します。

ただし、どこまでも回転するわけではありません。ブレードに働く遠心力が、上向きの回転を防げます。その作用は、回転角に比例して大きくなります。

遠心力は、シャフトに垂直に働きます。その遠心力のブレードに直角な方向の成分が、ブレードを下向きに回転させようとします。

簡単化のため、揚力を三角形分布と仮定します。ブレードの半径方向の質量分布を一様と仮定すると、遠心力の直角方向成分も、三角形分布になります。遠心力は半径に比例するからです。

実はブレードのピッチ角分布を最適に選ぶと、理想的なホバー状態では、揚力は半径方向に三角形分布になります。さらに質量分布が一様であると、遠心力の直角成分も三角形分布になります。

この状態はローターにとって、強度的には理想的な状態です。このとき揚力と下向きの遠心力成分が、各半径位置で同じになるからです。

かくして理想的状態では、ブレードには、曲げに対する強さが不要になります。ブレードは遠心力に耐え、（ピッチ制御のための）捻りに対する強さを持てばよいのです。

実際、実機のローター・ブレードの曲げに対する強さは、小さいです。ローターが停止しているとき、ブレードは下に撓《たわ》んでいます。ブレードをかくも柔らかく作れるのは、フラップ・ヒンジを導入した効果です。

現実には、揚力と遠心力の直角成分は、必ずしも三角形分布にはなりません。しかし両者は、互いに打ち消し合う向きに働きます。しかも付け根にヒンジがあれば、その点のモーメントは必ずゼロになります。

ヒンジがなければ、ローターは飛行機のプロペラに及びもつかない太さになります。ヒンジの導入は、ブレードを強度と重量増加の問題から解放しました。

フラップ・ヒンジはヘリコプターにとって、必須かつ最重要の部分です。

重心の移動

では、なぜラグ・ヒンジが必要か。結論を先に申せば、フラップ・ヒンジをつけると、必然的にラグ・ヒンジが必要になります。

ヘリコプターが、ホバーしているとします。そのとき、ローター面は水平になっています。厳密には、ブレードの先端が描く面（チップ・パス・プレーン、あるいは翼端面といいます）が水平になっています。

ローターの推力は、この翼端面に垂直に、真上の方向に働きます。そしてその真下に、重心がき

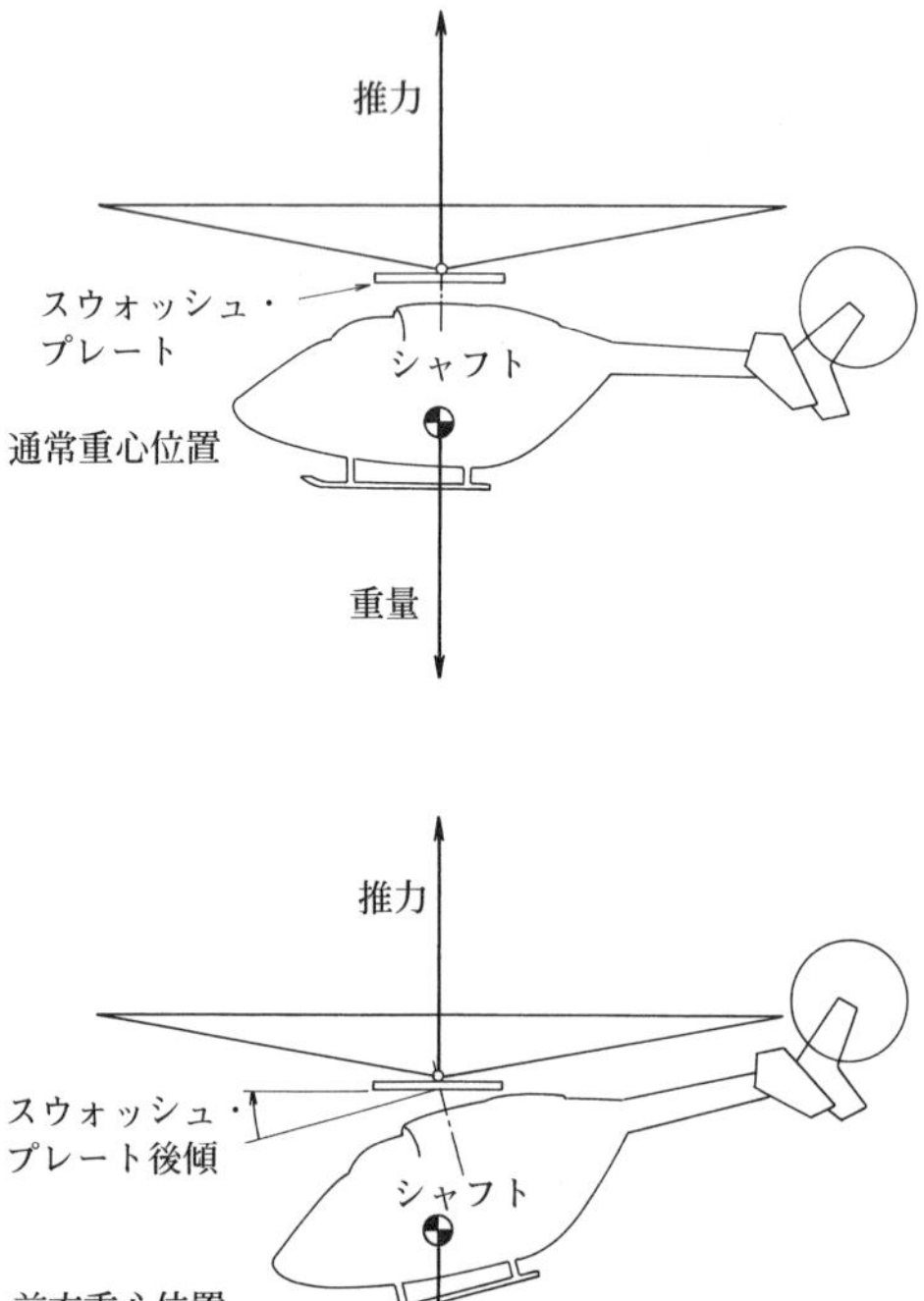

図 8.7　重心移動と操縦

ます。これでヘリコプターは、上下方向の力が釣り合います（図8・7の上）。

この状態でローター面を真上から見ると、ブレードは一定の速度（等角速度）で回転しています。回転する速度が一定であることを、記憶にとどめてください。

次に、同じヘリコプターの操縦席に、相撲取りのような体重の重い人が座ったとします。今度は重心が、前より前方に移動しています。

このヘリコプターがホバーすると、どうなるか。今度は前方に移動した重心の真上に、推力がこなければなりません。

そのためパイロットは操縦桿を引きます。するとスウォッシュ・プレートが後ろに傾きます。この後ろに傾いたスウォッシュ・プレートに垂直に、推力が働きます。その真下に重心がきて、釣合が成立します（図8・7の下）。

このように、ローター・シャフトと推力の方向は、一般に必ずしも、常に平行ではありません。これは、フラップ・ヒンジの効用の一つでもあります。実際パイロットは、例えば推力軸を前方に傾けて、前進飛行します。

しかし、推力の方向（翼端面に推直な方向）がシャフトから傾くと、「フラップ・ヒンジだけでは、なにかまずいことが起きる」。そういうことが、直感的におわかりいただけると思います。

ラグ・ヒンジの必要性

シャフトは、一定速度で回転しています。しかし（フラップ・ヒンジだけある）図8・7の下の状態では、ブレードは、水平面内で一定速度の回転ができません。

例えば図に示した状態で、ブレードは機体の向こう側（パイロットの右側）と手前側（左側）では、シャフト（図の一点鎖線）を含む面内でフラッピングします。そうするように拘束されています。

ブレードは、このような拘束に逆らおうとします。すなわちブレードには、ブレードを一定速度で回転させる向きに、見かけの力が発生します。力学ではこれを、コリオリ力といいます。

コリオリ力により付け根に発生するモーメントも、ブレードを破壊するほど大きいです。このためブレード面内運動を、拘束から解き放つことが必要になります。この役目をするのが、ラグ・ヒンジです。

ラグ・ヒンジを導入すれば、ブレードは前後に勝手に動き、真上から見れば、等角速度で回転するようになります。付け根のモーメントはゼロになりますから、強度の要求も大幅に緩和されます。

もう一度整理します。大揚力を支えるために、付け根にフラップ・ヒンジが必要でした。しかしフラップ運動だけ許容すると、回転面内に別の荷重が発生します。これを防ぐため、ラグ・ヒンジがどうしても必要になります。

実はラグ・ヒンジは、もう一つの理由からも必要になります。ブレードは前進飛行時、進行方向に進むときと逆方向に進むときで、左右非対称の空気抵抗を受けます。このときラグ・ヒンジは、回転面内に発生する荷重を緩和する効果があります。

このような理由で、ヘリコプター・ブレードの付け根は、「ぶらんぶらん」になっているのです。

地上共振

ただし、注意しなければならないことがあります。ラグ・ヒンジをつけると、回転面内の運動が力学的に不安定になり得ます。

ヘリコプターは、地上では脚に支えられ、シャフトは前後左右に揺れます。この振動とブレード

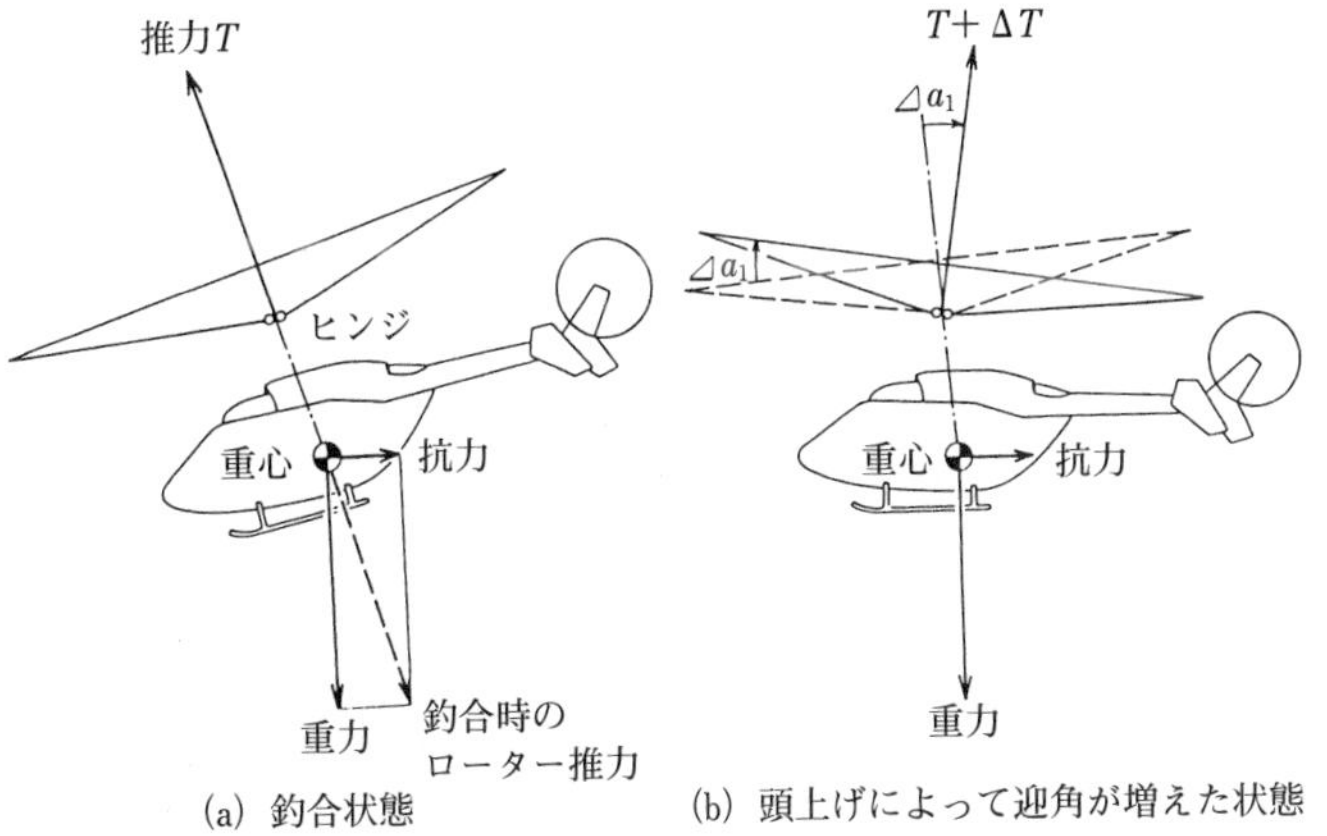

(a) 釣合状態

(b) 頭上げによって迎角が増えた状態

図 8.8 迎角変化の影響（文献 28）.

のラグ運動が組み合わされると、機械的な（空気力に無関係な）不安定振動（自励振動）に発展します。

初期のヘリコプターの多くが、この不安定振動で破壊されました。これは地上共振とよばれ、きわめて危険です。

現在のローターは、ラグ運動に対しダンパー（減衰器）が備えられています。これによってエネルギーを吸収し、地上共振を避けるようになっています。

このようにブレードの付け根を柔らかくすることは、必ずしも良いことずくめではありません。それは飛行の安定性にも影響を与えます。

ローターに静安定はない

図8・8を見てください。図の（a）は、釣合状態で前進飛行している様子を示します。丸で描かれているのが、ヒンジ部です。

眼を細くして、この図を見てください。ローター全体が、この丸印のまわりに回転する自由度を持つことが、おわかりいただけると思います。

簡単化のため、胴体側に発生する（空気力による）モーメントを無視します。すると釣合状態では、推力の作用線は重心を通ります。推力は、ローターの翼端面に直角になっています。

いまこのヘリコプターが、何かのはずみで機首を上げたとします。すると推力が増大し、同時にローター面（翼端面）が図の（b）のように、後方に傾きます。Δa_1が翼端面の傾き角です。

この結果、ヘリコプターに機首上げモーメントが発生します。すなわち、姿勢の乱れを拡大する向きに、モーメントが発生します。このようにヘリコプターには、縦の静安定（迎角静安定）がありません。

飛行機では、重心を前方に移すと、縦の静安定が改善されました。その理由は、姿勢変化で発生する揚力の変化分が、一点（全機空力中心）に働くためでした。この性質は、ヘリコプターにはありません。

ヘリコプターは釣合状態では、推力の作用線が常に重心近くを通っています。たとえ重心を前方に移しても、推力線を（スウォッシュ・プレードを傾けて）重心近くを通る状態にしないと、モーメントの釣合が成立しません。

ヒンジのためにローター面が傾く性質は、もう一つ困った特性を生みます。それは速度変化に対し、縦のモーメントが発生することです。この特性は、亜音速の飛行機にはほとんどありません。

例えば速度が増すと、ローター面が後傾し、推力は後方に傾きます。同時に推力変化が起きます。推力変化はローターの姿勢によって、増加する場合と減少する場合があります。

これによって発生するモーメントは、姿勢を乱します。それを放置すれば、ほとんどの場合、不安定運動に発展します。

不安定な乗り物

このため多くのヘリコプターには、安定性を改善する装置が積まれています。例えばジャイロスコープを用い（空間で姿勢を保持する性質があります）、姿勢安定を強めています。

しかしパイロットは、その種の装置がなくても（あるいは装置が故障しても）、操縦できます。ヘリコプターの安定性は、飛行機に劣ります。しかしヘリコプター・パイロットは、そのことを苦にしません。

それは、人が自転車に乗るようなものです。数学的に定式化すれば、自転車は不安定な乗物でしょう。しかしひとたび慣れてしまえば、誰も操縦の困難さを苦にしません。

操縦にとって最も本質的に重要なことは、機体を制御する手段があることです。パイロットは、安定性より操縦性を重視します。

それでも、飛行機における静安定への要求は強いです。一方ヘリコプターでは、静安定のない機体が実用に供されています。この違いは、どこから来るのでしょうか。

それは、飛行速度の違いです。飛行機は、ヘリコプターに比べれば、際立った高速で飛びます。そして動圧の大きい状態で姿勢を大きく乱せば、機体は一瞬で空中分解します。このような乗物では、静安定が重視されます。

ヘリコプターの飛行速度は小さいです。現在ヘリコプターの最大速度は、140ノット（時速260キロ）前後です。これは旅客機の着陸速度（最少速度に近い）と同程度です。

迎角変化で発生する揚力は、速度の2乗に比例して増えます。したがって縦の静安定への要求は、飛行機では切実ですが、ヘリコプターでは緩和されます。

ヘリコプターの優位は続く

研究機関の速報などで、垂直に離着陸して超音速で飛行する旅客機が、ときに話題になります。推力の大きさだけ考えれば、垂直離着陸と超音速飛行の両立は可能です。しかし経済性を考えれば、馬鹿げた考えです。

垂直離着陸を行うとき、宙に浮くパワーは、機体重量と、重量を支える吹き下ろし速度の積になります。この制約は、いかなる航空機も免れることはできません。

吹き下ろしを小さくするには、大量の空気を下向きに叩かなければなりません。そのために、例えば搭載エンジンでファンを回すとします。

しかしファンを内蔵する場所は、たかだか胴体の平面面積くらいにしかならないでしょう。超音速機として長距離飛ぶためには、翼部分に燃料を積まなければなりません。これでは、ファンの面積はとても足りません。

ローターは、大量・低速の空気を効果的に（小さい重量で）下向きに叩く方法を実現しました。空中停止と垂直離着陸に関しては、ヘリコプターは圧倒的に優れた乗物です。

この優位は、まだ当分続くでしょう。

第9章　操縦に極意はあるか
——人間の寄与

優れた飛び方

空を飛ぶものの力学、それが飛行力学です。その肝心と思う点を、ここまで8つの章に分けてお話しました。しかしもう一点、付け加えさせていただきたいことがあります。それは、操縦する人間と飛行のかかわりについてです。最後にこの章で、優れた飛び方の話をさせていただきたいと思います。それは、例えば緊急時の飛行などに、役立つと考えるからです。ここは力学の範疇から、はみ出す部分です。

現代の航空機は、自動化が進んでいて、パイロットの腕が話題になることは、あまりありません。しかし第二次世界大戦のころまでは、空中戦のエースといわれるような人たちの中に、他の人には真似ることのできない、特殊な、神秘的な飛び方を会得している人がいました。かねて私は、その種の飛び方に興味を持っていました。

私は大学を卒業するまで、飛行機乗りになりたいと考えていました。しかしなりそびれ、憧憬と妬心の入り交じった気持ちで、飛行を解析する側にまわりました。そして操縦や飛行の制御を微分方程式の解として追ううち、優れた特殊な飛び方、かつて空中戦のエースが駆使したような特殊な飛び方は、武道の極意技のようなものではないかと考えるようになりました。

操縦を武道と関連づけたのは、私が子供のころ、苛めに悩まされたことによります。その反動で、強くはありませんが、長く——いまでも——武道を嗜り、若干その方面の知識があったからです。

武道の極意技

柔道や剣道で本当に強い人は、極め技といわれる得意技を持っています。そして特定のパターンに引き込むと、確実に相手を負かしてしまいます。これは極め技とか極意技とかいわれます。飛行の極意技をお話しする前に、順序として、先ず武道やスポーツにおける極意技の例をご紹介すべきだと思います。この種の技については、伝聞に基づく話は多いのですが、信頼できるものは少ないです。二例ご紹介します。

作家の森敦《もりあつし》氏は、柔道の左跳ね腰が極め技でした。この方はプロレスラーの力道山《りきどうざん》に素手で戦いを挑もうとしたほど、腕に自信があったようです。氏は左跳ね腰を会得するに至った経緯を、次のように述べています。これは氏が芥川賞受賞直後に、週刊誌上で述べたものです（文献29）。

「……。それでもなんとか人より強くなったのは、当時、水原の高等農林学校に学籍をおきながら、毎日のように母校の京城中学に来て指導してくれた、先輩山本という三段のお陰である。

この人がどういうわけか、ぼくをかわいがり、授業が終わると百畳敷きもある柔道場のどまん中に引っぱりだして一回、二回とみずから数をかぞえてくれ、ただ左跳ね腰ばかり四、五百回もかけさせた。が、そうして何万回かに及んだとき、掛けても掛けても微動だにしなかった山本三段が突然フワッと浮き上がり、弧を描いて飛んでしまった。わざと投げられてくれたのではない。おのずからにして会得させてもらうところがあったので、それからは山本三段は、ぼくの手にその黒帯を握らせたら最後、防ぎようもなく投げ飛ばされるようになった。相撲の世界でいえば恩返しであり、ゴッツァンである。鋭い左跳ね腰が掛けられるようになると、掛けるとみせてあらゆる手が使えるようになったのである」

もう一例、私ごとで恐縮ですが、私は昔、星野四郎氏に剣道を習いました。星野氏は東京農工大学の剣道部主将で、鍔迫《つばぜ》り合《あ》いから離れぎわに打つ面か胴が得意でした。鍔迫り合いにもち込めば、絶対と言っていいほど負けませんでした。本人の弁では、

「離れぎわにどちらを打つか、自分にもわからない。無意識に手のほうが動いて、気がついたときにはどちらかに当たっている」

飛行の極意

空中戦のエースといわれるような人たちも、極意技を持っていました。たとえばドイツの第二次大戦中のエース、ハンス・ヨアヒム・マルセイユは、急降下して敵編隊を突き抜ける瞬間の2秒ほどに、1機に斉射をかけて撃墜しました。あるいは旋回しながら攻撃するとき、相手機が自機の機首の下に隠れた瞬間に射ちました。すると、発射した銃弾が到達する点へ、相手機の機首エンジンまたは操縦席が飛び込んで被弾しました。

これはまだコンピューターがない時代の射撃です。いまはコンピューターが目標の未来位置を計算し、どちらに向かって撃てばよいかを教えてくれます。当時はそれを人間がしました。当時の空中戦の射撃とは次のようなものです。これは先出の坂井三郎氏の言葉です。

「敵機の未来位置に向かって撃ちだす。互いに動いているから、直接照準で撃っても当たらない。相手の先の空間をねらって弾を撃ちだす。そうすると、ちょうど弾の飛んでいくところに、相手の飛行機が会合する」

「撃墜とは、飛んでいるトンボをライフルで撃つ技術が必要である」

私は長く、優れた操縦を追ってきました。それと並行して、優れたパイロットが九死の危機から生還した事例も、追ってきました。それはその種の知見が、パイロットが緊急事態を生き延びるような場合に、有用であると考えたからです。国内で聞き取りを始め、世界各地で行い、さらに国内で続けました。その後第二次大戦下のアメリカ爆撃機の飛行や、大戦後の超音速機開発競争についても調べました（文献30〜35）。

これから、その要約をお話しさせていただきます。同時に、これにより、人間による――自動操縦でない――操縦に極意があるか、考えます。まず外国の事例を、次に国内の事例をお話し、最後に優れたパイロットに見られる共通点について、私の考えをお話しします。

登場する方々の所属や肩書きは、取材時、あるいは飛行時のものです。敬称は省略させていただきました。お許しください。

思い込み仮説

パイロットは優秀な者から死んでいく。「パイロットは適者非生存の稀な例である」。少なくとも50歳のころまで、私はそう考えていました。

1985年、日航機が御巣鷹山に墜落しました。事故を追って、私はシアトルのボーイング社を訪ねました。このとき、カルバートンのグラマン社まで足を延ばしました。

グラマンは、社を代表する何人かのパイロットに会わせてくれました。その中の2人が、長く私が育んできた――あるいは私がそう思い込むようになった――仮説を、外国人として初めて裏付けました。次のような仮説です。

「真に有能な飛行機乗りは、生死を分ける事態で冷静沈着に行動する。それはいかなる事態でも乱されることのない、特殊な精神状態のもとで行われるように見える。彼らは、かつて我が国の武道の達人が到達した『悟りの境地』にいるのではないか」

実際二人のグラマン・パイロットは、私の知る二人の剣道の達人と酷似する振舞を見せました。一人は、まさに茫洋とした目で、私の視線を捕らえて放しませんでした。この目は、しかと見据えても、遠く水平線を眺めているように見えました。

もう一人は、九死一生の体験を、微笑を絶やさずに話しました。まるで春風に吹かれているようでした。これこそ、かの勝海舟が言い残した「悟りの境地」ではないのか。私はそう思いました。

こういう話を、もっと聞きたいと思いました。世界には、かつて私が憧れて止まなかった男たちが、まだ大勢いるはずです。彼らがなぜ生き延びたか、聞きたいと思いました。

機会は、1988年秋に訪れました。私は文部省短期在外研究員として、2ヵ月間外国に出ることを許されました。その間5ヵ国16社をまわり、長年の夢を果たしました。この旅行記は『生還への飛行』（文献31）として出版されました。

まず、二人のグラマン・パイロットの話から始めたいと思います。

クルツ・シュローダー

クルツ・シュローダーは、取材時はグラマンのチーフ・テスト・パイロットでした。当時、X－29という世界の話題をさらった新鋭機（図9・1）を初飛行させました。

1969年、シュローダーはアレスティング・ギアとよばれる装置の開発に参加していました。脚や油圧の故障した航空機を、滑走路上で捕捉する装置です。いま、どこの軍用飛行場にも装備されています。

図9.1 グラマン X–29

どんな装置かというと、滑走路の両端から3分の1ほどのところに、2本ワイヤーが張られています。高さは10センチほどで、通常、航空機はその上を通りすぎます。故障で減速できない航空機は、フックを降ろしてワイヤーに引っかけます。

するとワイヤーが伸びて、機体を滑走路上にとどめます。ワイヤーの伸びは、コンピューター制御になっています。海軍機（艦載機）は尾部にフックを持っています。陸・空軍機も、このフックを装着するものが多いです。

シュローダーは、この装置の試験をしていました。「重い、高速の」F－4ファントム（図7・10）で、フックをワイヤーに引っかけました。

しかし、アレスティング・ギアのメカニズムが故障しま

図 9.2　クルツ・シュローダー

した。ワイヤーが切れ、胴体に巻きつき、片方の水平尾翼をそぎ落としました。

通常の操作では、このあと揚力を下げ、推力を戻し、地上にとどまります。もう一つ残っているワイヤーに、フックをかければよいからです。

シュローダーには、水平尾翼が飛んだこと、胴体にダメージを受けたこと、はわかっていました。しかし、彼はエア・ボーン（浮揚）しました。一瞬ののち、アフター・バーナー（推力増強装置）を点火し、離陸しました。

僚機《ウイングマン》をよんで、上・下からよく調べさせました。すると、ダメージは予想以上のひどさでした。フックそのものが、なくなっていました。

機体は重く、高速でした。もし通常の手順で減速していたら、滑走路を飛び出していました。飛行機を失い、ベイルアウト（射出座席による緊急脱出）する羽目になっていました。

「ミスター・シュローダー、あなただからこそエア・ボーンした。なぜ、上がったんですか」

彼は次のように答えました。

「本能だ（インスティンクト）」

シュローダーは長身痩軀、初対面の印象は剣客を感じさせました。「茫洋とした目で、私の視線を捕らえて放さなかった」パイロットが、このクルツ・シュローダーです（図9・2）。

トム・カバノー

二人目のグラマン・パイロットは、トム・カバノーです。カバノーはシュローダーの部下で、彼は駆け出し時代の話をしました。

1978年3月、カバノーはF-14トムキャットで着艦しました。本人によれば、「たぶん20回目の夜間着艦であった」

空母への着艦では、尾部のフックをワイヤーにかけます。しかしこのときは、フックがかかって50メートルほど行ったところで、ワイヤーが切れました。

着艦では、着艦してから推力を最大にして、ワイヤーの切断に備えます。切れれば離艦するためです。このときは、ワイヤーの切れるのが遅すぎました。

カバノーは、飛び続けるか脱出するか、迷いました。速度計を見て、一瞬、まだ飛べるのではないかと思いました。

後席（バックシーター）のレーダー・インターセプター・オフィサーは、経験に富んでいました。ベトナムでソ連製戦闘機ミグを、（レーダー操作で）2機撃墜していました。

彼はワイヤーが切れた瞬間から、もう飛び上がれないと考えていました。そのため直ちに、コマンド・エジェクションの用意を始めていました。

F-14のような複座の戦闘機の場合、緊急脱出《ベイルアウト》するには二つの方法があります。一つは、各自が別個に脱出します。もう一つは、一人が二人を同時に脱出させます。後者をコマンド・エジェクションといいます。着艦では、こちらが正常の脱出法です。

着艦の場合、脱出するなら早いほうが良いです。艦を通り過ぎ、機体が落ち始めてからでは、間に合わないことが多いからです。

脱出

バックシーターは、ワイヤーが切れた直後、ただ一言、「オー・シット（くそっ！）」と叫びました。これでカバノーは、彼が脱出するつもりであることを感じとりました。

キャノピーの両側を爆発が走りました。閃光が点滅・移動するように見えました。キャノピーが飛び、後席はベイルアウトしました。

バックシーターは自分だけ出たのであろうか？　カバノーは一瞬そう考えて、自分も脱出準備に入りました。

その瞬間、彼も射ち出されました。

激しい衝撃を感じました。ものすごい速さで、150メートル真っすぐに昇りました。下に小さく甲板が見えました。自分の飛行機が、傾いて墜ちていくのが見えました。

体が前方に回転し始めました。飛行機の着水は、見えませんでした。

脱出後着水する場合、着水前にライフ・プリザーバー（救命胴衣）をふくらませておかなければなりません。そのためには、腹部のハンドル（タグル）を引きます。

十分その時間がある、と思っていました。しかしアッという間に海面に達しました。タグルを引こうとしているうちに、深く水中に沈みました。

水中で、座席に座っていました。泳げません。手はタグルから離れていました。パラシュートの索がからんでいました。タグルを引きました。救命胴衣がふくらみ、（空気が）彼を水面まで引き上げました。救命筏もふくらんでいました。

バックシーター

バックシーターも、何もできないうちに水面に達しました。

彼はパラシュートの下で、振り子のように揺れていました。着水の瞬間、振り子の揺れで、波に叩きつけられました。このショックで、呼吸ができない状態になりました。そのまま海中に沈みました。

バックシーターは、酸素マスクを緩くつけていました。海中で呼吸ができる状態になりましたが、そのため海水を飲み込みました。水は肺にも入りました。

パラシュートの索にもからまれていました。それでもタグルを引きました。救命胴衣は胸のところだけが開いて、そこへは空気が入りました。首のところは開きませんでした。

浮力が足りず、海面から頭が出せませんでした。座席は水を含んで、さらに重くなりました。このため、浮上できませんでした。

救助

カバノーには、ヘリコプターが接近してくるのが見えました。手にしていたフラッシュ・ライトを海に投げ捨てました。ストロボライトがヘルメットで点灯していました（自動的に点灯する）。

バックシーターにも、「ヘリコプターが来ている」ところまでわかりました。ここで意識を失いました。過去のことが見え、すべてが静かで平和に満ちていました。気づいたときには（艦内の）カバノーの隣のベッドの中でした。

ヘリコプターは、海中のバックシーターを見つけました。救助員が飛び込み、海中から彼を引き上げました。ヘリコプターは彼を収容すると、行ってしまいました。

カバノーは、ヘリコプターが救助してくれるものと思っていました。そのため救命筏を離してしまっていました。彼はライフ・ブリザーバーだけで、真っ暗な海上に一人残されました。ボートが近づいてくるのが見えました。カバノーはボートに助け上げられました。ボートが母艦に追いつくのに、1時間かかりました。

ちなみに映画「トップ・ガン」で、F-14がスピン（きりもみ）で墜落するシーンがあります。カバノーの墜落がそのモデルになっている、と私は確信しています。

黒い公用車

事故から約12時間後（翌日の午前）、指揮系統ではずっと上の上官が夫人を同伴し、カバノーの妻を訪ねて来ました。2人は、黒い公用車で来ました。そして、「ご主人が事故に遭ったこと、生存していること」、だけを伝えました。

カバノーは着任直後で、カバノーの妻とこの上官は、一度しか会ったことがありませんでした。カバノー夫妻は、家を買おうとしていました。「妻の第一印象はセールスマンが家を売りに来た」、というものでした。

事故から約24時間後、カバノーは電報を打つことを許されました。このとき初めて妻は、夫が完全に無事であることを知りました。彼らは結婚して1年4ヵ月、生まれて2ヵ月の子供がいました。取材時の子供は3人でした。

映画「トップ・ガン」では、バックシーターは死亡します。カバノーのバックシーターは、後遺症なく完全に回復しました。しかし以後飛ぶことを止め、海軍を辞職しました。

カバノーは、その後数ヵ月間は、よく事故のことを思い出しました。

しかし数ヵ月で、全く忘れてしまいました。

図9.3　トム・カバノー（右手前）と著者

テスト・パイロットの妻

カバノーは、このような事故の経過を、「終始微笑を絶やさず」話しました。そのさまを想像していただきたいと思います。

勝海舟の「悟りの境地」——後にお話しますが春風に吹かれるような心境——を想像させたのが、このトム・カバノーです（図9・3）。

カバノーについて、もう一点付け加えさせてください。

パイロットの妻は、黒い公用車が来ると、まず夫の事故死を考えます。しかしカバノーの妻は、違いました。彼女はそれを、「セールスマンが家を売りに来た」、と思いました。

この図太くて明るい気質こそ、優れたテスト・パイロットを支える重要な要素ではないか、と私は考えています。私がカバノーの話を2ページに約《つづ》めよといわれたら、私は、黒い公用車が来たときのエピソードだけを残します。

かつて英国映画に、「超音ジェット機《ザ・サウンド・バリアー》」という名作がありました。この映画にも、よく似たシーンが現れます。私はこの映画を、高校生のころ見ました。

映画の冒頭、垂直降下するスピットファイアーが現れます。操縦桿を引きますが、機首が起きません。パイロットが操縦桿を押すと、機首が起きます。私に「操縦の極意」を最初に意識させたのが、実はこのシーンです。

この映画の最後が、カバノーの妻の話とよく似たシーンです。

主人公が、音速突破に成功します。しかし機首が起きません。パイロットは操縦桿を「押し」、漸く生還します。帰宅したパイロットは、妻にその話をしようとします。

しかし妻は、断固としてそれを遮ります。そしてセールで買ってきたセーターの話を、一方的に捲し立てます。ここで映画は終わります。

この映画の監督は、ディビッド・リーンです。後に「アラビアのロレンス」を製作するこの大監督は、さすがに人間をよく見ていると思います。

フィリップ・オストリッカー

次は、ジェネラル・ダイナミックス社のフィリップ・オストリッカーの例です。彼は、YF-16（超音速戦闘機F-16ファイティング・ファルコンの試作機）を初飛行させたテスト・パイロットとして知られます（図9・4）。

彼には、「予定外の初飛行」として広く知られるエピソードがあります。これは、YF-16一号機のロール・アウト後のことです。

飛行機は、初飛行を行う前に、地上滑走で試験します。いろいろな速度で滑走路上を走らせ、だんだんと速度を上げて、操縦の感覚を摑《つか》みます。それが十分済んでから、将軍や議員やマスコミを招いて、初飛行となります。オストリッカーの場合は、地上走行の段階で事故が起きました。

そのとき彼の操縦するYF-16に、横《ロール》のPIOが発生しました。PIOとは、パイロット・インデュースト・オスシレーションの頭文字です。パイロットの操縦が機体の振動を増幅させる現象をいいます。

横《ロール》の振動が、操縦によって増幅され、YF-16は滑走路を飛び出し、左右の翼端が地面に触れる

図9.4　フィリップ・オストリッカー

ように揺れながら暴走し始めました。

謙虚な男

まだ初飛行する以前の段階です。しかしオストリッカーは、とっさにアフター・バーナー（推力増強装置）を点火しました。こうして機体を宙に上げ、これが結果的に、記念すべき初飛行になりました。

こういう場合、普通は助かろうと思って、エンジンを絞ります。そういうときエンジンを吹かして宙に上がる。これは、凡人にはできません。

この飛行には、映像記録が残されています。両翼端が地面に触れるほど、機体が激しく左右に傾きます。滑走路を飛び出した機体に、アフター・バーナーが点火されます。機体は青白い炎を後尾から吐きながら、ふらふらと数メートル宙に浮きます。

すぐ機体は右に傾き、機首上げ状態で沈下します。水平尾翼の片端は地面に触れます。しかし、しぶとく地面を這《は》うように進み、徐々に速度を増します。そしてアフター・バーナーの青白い炎を引きながら、上昇に移ります。

彼の部屋には、灰色の空に向かって上昇してゆくYF-16を描いた絵が、掲げられていました。

「あなただから飛び上がった。並のパイロットならエンジンを止めたのでは？」

「いや、あのときは、機体が左右に揺れ、滑走路から60度もそれて走った。飛び上がるか、(地上を走って) 事故になるか、二者択一だったんだよ。だから飛び上がった」

彼は非常に謙虚な男でした。

チャック・イエーガー

ここで少し時間を戻します。飛行機が音速を突破した後、開発競争が最も激しかったころの、飛行の例をご紹介したいと思います。

1947年、米空軍大尉チャック・イエーガーがベルXS-1 (図9・5) で、初めて音速を超えました。XS-1は空軍の要請でベル社が開発した、ロケット推進の空中発進機です。

図 9.5　ベル XS-1（文献 7）

当時空軍と海軍は、抜きつ抜かれつの開発競争をしていました。海軍側の対抗機は、ダグラス社が開発したD-558-2スカイロケットでした。

ダグラス・スカイロケットには、全遊動式水平尾翼を始めとする、XS-1の基本設計が踏襲されていました。また開発途中で、敗戦国ドイツからもたらされた情報に基づき、直線翼が後退翼に変更されていました。このようにスカイロケットは、XS－1に対し後発機として、各種の利点を持っていました。

1953年11月20日、NACA（NASAの前身）のテスト・パイロット、スコット・クロスフィールドはスカイロケットで、高度1万9千メートルでマッハ2・005に達しました。クロスフィールドは、音速の2倍を超えた世界初の人間になりました。

翌12月12日、今度はチャック・イエーガーが、ベルX－1Aで飛び立ちました。X－1Aは、最初に音速を突破したベルXS－1の改良型で、性能的にスカイロケットに追いついていました。ただしこの飛行はイエーガーにとって、まだX－1Aの4回目の動力飛行でした。

X－1Aは予定高度2万1千メートルを越え、2万3千メートルに達します。

「エンジンの燃焼停止が近づいてきたころ、私はクロスフィールドが記録したマッハ2に達した」。「機首をわずかに抑えると、さらに増速した。私はマッハ計が2・2を、次いで2・3を指すのを見守った」

飛行前ブリーフィングでベル社の技師たちは、「X－1Aはマッハ2・3を超えると、安定性を失って操縦不能に陥るかもしれない」、と警告していました。水平飛行に移行してほぼ10秒後、ベル社の警告が的中します。

「構造強度試験はもういらないぞ」

激しい横転が始まりました。翼は絶えず持ち上がり、横転を食い止める術はありませんでした。イエーガーはエンジンを停止しますが、完全に操縦不能に陥りました。しかもロール回転の方向が、頻々と変わりました。

X-1Aは降下しながら減速し、亜音速領域に入ります。そして高度1万メートルで、背面きり《インバーテッド》もみ《・スピン》に入りました。

イエーガーの体は、操縦席まわりの四方八方に叩き付けられます。霞む意識の中で、イエーガーは生き延びる道を探ります。後にわかったことですが、ヘルメットがキャノピーに当たり、ひび割れて与圧が破れました。その結果、フェイス・プレートが曇り、視界が絶たれました。

光と闇が回転します。太陽と地面。太陽と地面。

イエーガーは計器盤を手探りし、フェイス・プレートの温度を上げる加減抵抗器のスイッチを探し出します。スイッチをひと捻りします。少しずつ視界が回復します。

次いで水平安定板の設定角を調整します。背面スピンが正常スピンに戻ります。正常スピンから抜け出します。直後の交信で、随伴機《チェイサー》が「聞きとれない」と言います。イエーガーは自伝で、「このとき私はすすり泣いていた」と書いています。

この飛行でX-1Aは、高度2万2600メートルをマッハ2・44で飛び、速度の新記録を樹立しました。

上司（飛行実験部長）であったアルバート・ボイド少将は、次のように回想しています。

「イエーガーのX-1Aの最後の飛行の交信テープを聞いて、鳥肌を立たせないパイロットはいない。私は機会あるごとに、このテープを再生して聞かせている。これが聴く者に与える影響力《インパクト》は、すさまじい」

「ある一瞬、我々が聞いているのは、一人のパイロットが絶望的な状況に追い込まれ、生き延びようと必死に闘う姿である。そして彼は、遂に機の制御を回復する。すると一分もしないうちに、彼は、（機体に激しい荷重が加わったので）『こいつの構造強度試験《ストラクチュアル・デモンストレーション》はもういらないぞ』、などとジョークを飛ばしている」

「チャックは、もう助からないと考えていた。それは、彼のテープの声からはっきりわかる。彼は2万4000メートルから7600メートルへ、落下した。その間に、自らを助ける道を見つけ出した。これほど劇的で感銘を受けるテープを、私は聞いたことがない」

イエーガー背面の随伴

イエーガーは、第二次世界大戦をヨーロッパで戦いました。戦闘機P-51ムスタングに乗り、ドイツ機11機を撃墜したダブル・エースです。「1日に5機撃墜」という記録も持っています。

しかしイェーガーの操縦技量は、彼の自伝からは、必ずしも明確にはわかりません。自らの飛行術に関する記述は、ほとんどありません。名パイロットは、必ずしも優れた書き手ではありません。イェーガーの技量は、むしろ他のパイロットが書いたイェーガーの飛行ぶりに、如実に現れます。一例を示します。

1951年夏、リパブリック社のテスト・パイロット、カール・ベリンジャーは、実験機XF-91（ジェット、ロケット併用の戦闘機、1949年5月初飛行）をテストしました。その飛行に随伴したのはイェーガーでした。

「私は湖床の滑走路を滑走して、まさに離陸しようとしたとき、チャックはセイバー（ノースアメリカンF-86）で飛んできた。そして私が浮揚しないうちに、私と編隊を組んだ。最初から見事な操縦ぶりであった」

「彼は半横転《ハーフ・ロール》して（背面になり）、私の風防の上から、まだ脚上げしていない私を点検した。私が離陸して脚を収納したとき、チャックが無線で伝えてきた。『おい《マン》、わからんだろうが、何かエンジンから出ている』。直後に火災警報が点灯した」

ベリンジャーは翼端タンクを投棄します。後部からは熱気が迫り、コクピットには煙が充満します。脱出するには高度は低すぎます。イェーガーの指示に従い、平坦な砂漠（乾　湖《ドライ・レーク》）に着陸しました。

イェーガーも、翼端にぴたりとつき、一緒に着陸しました。機が停止した瞬間、ベリンジャーは地面に飛び出します。そのとき尾翼は焼け落ちました。

神業の再現

かつて「ジェット・パイロット」という映画がありました。XS-1一号機の引退直前に作られたもので（実際には最後の飛行）、製作はハワード・ヒューズ、XS-1はイエーガーの操縦で、ソ連の試作戦闘機として「出演」しています。日本公開は1957年ころでした。

飛行シーンは、すべて実写でした。撮影には、空軍が全面協力しました。多くのパイロットが志願して飛び、F-86セイバーを中心に妙技を披露しました。イエーガーもその一人でした。

この映画では、冒頭、2機編隊のF-86が現れます。その1機が背面に移りざま、僚機とキャノピーを接するようにして飛びます。字幕の台詞は、「これは夢の中で悟ったんだ」

このシーンは、後の私に大きな影響を与えました。それは映画「超音ジェット機」の操縦桿「押し」とともに、私に操縦の極意を、強く印象づけました。

あのパイロットこそ、チャック・イエーガーだったのです。ベリンジャーの生命を救った驚異の飛行術を、あのシーンは再現していたのです。

図 9.6　零戦，向こう側は F-16

坂井三郎

ここからは、日本人の事例に移ります。

坂井三郎は、日本海軍最高のエースでした。零戦（図9・6）で戦い、64機撃墜しました。

坂井の真に驚異的なところは、64機という撃墜機数ではありません。その間にウィングマン——自分の2番機、3番機——を、1機も失わなかったことです。

当時坂井たちは空中戦を、3機1組で行いました。坂井は生涯、あの負け戦で、自分の2番機、3番機から、一人の戦死者も出しませんでした。

左ひねり込み

坂井は、「左ひねり込み」という玄妙な技を持っていました。柔道、剣道でいうところの極め技です。

坂井は、戦場では必ず左に回りました。左ひねり込みも、左斜め宙返りと組み合わせて使いました。この左旋回こそ、坂井の飛行術の根幹をなすものでした。このときの旋回半径は誰よりも小さく、旋回角速度は誰よりも速かったのです。

では、なぜ左旋回か。それは左旋回のほうが、零戦の旋回半径が小さいからでした。いくつか理由がありますが、最大のものは、「腕力」でした。当時の飛行機には、油圧を使って操舵力を軽減する装置は、まだありません。そして3舵の中では、横の舵が最も力を要しました。坂井は小柄ですが、腕力は抜群でした。

右手は操縦桿を、左手はスロットル（自動車のアクセルに相当）を握っています。右手は前、左手は左前方にあります。腕相撲を想像してください。右利きの人にとって、操縦桿を左に倒すときのほうが、大きな力が出せます。それゆえの左旋回でした。

格闘戦における零戦の凄みは、左旋回に現れました。坂井はそれに気づき、それを自分の飛行の中心に据えました。

では、坂井の「左ひねり込み」とは、どんな技だったのか。これは巴戦（互いに相手の後尾に回り込もうとする空中戦）で、相手を左斜め宙返りに誘い込んで使いました。斜めの宙返りを短い半径で行うと、高度が相手より上になります。

では、なぜ左斜め宙返りか。それは宙返りの下側、下降から引き起こす部分が、左旋回になるからです。旋回としては、ここが機体強度的にも、腕力的にも肉体的にも、最も辛い。ここが先ほどの左旋回、坂井得意の左旋回になっているのです。

名人の技量

私が左ひねり込みを、どこまで理解していたか。その核心は、「果たして坂井三郎は、左ひねり込みで何機墜としたか」、にありました。

最初は、「加藤先生の理解は80％でございますから」、といわれました。しかし長い取材で、私は少しずつ少しずつ、正解に近づいていきました。そしてその質問を発するころには、「正解を知っている」、と確信していました。

だからこそ、この質問をするのが怖かったです。本当に怖かったです。万一答が違っていたら、「私の坂井三郎」は誤っていたことになります。『零戦の秘術』（文献32）が書けるか書けないか、その境目の一瞬でした。

「実際にあの技を使って、何機くらい墜とされていますか」

「私は正直なところ、左ひねり込みの技を使って墜としたことは1回もございません」

本当の名人は、格闘戦に入らないのです。格闘戦に入る前に撃ち墜としてしまう。坂井自身がよく口にしたことですが、「格闘戦をするのは下の下だ」、ということです。

坂井は、左ひねり込みを使えば、日本屈指の使い手でした。模擬空戦では、それを見せました。しかし実戦では、この技はただの一度も使いませんでした。

これこそが、本当の名人の名人といわれる所以《ゆえん》でしょう。ここは例えば、幕末の剣道の達人、勝海舟が、生涯刀を抜かなかった（刺客に襲われたときでさえ）ところと似ています。

藤原定治

次は航空自衛隊の曲技飛行チーム、ブルー・インパルスの飛行の例です。ただし、40年以上昔のブルー・インパルスの、飛行の例です。使用機はF-86です。

主役は藤原定治、5番機です。5番機は、ショーの間に1機舞い戻って、幕間をつなぎます。一方、編隊長は原田実。伝説的名パイロットとして名高い方です。原田は後に川崎重工に移り、遷音速ジェット練習機T4と短距離離着陸実験機「飛鳥」を、それぞれ初飛行させました。

1968年1月9日、午前9時ごろ、原田実率いるブルー・インパルス5機が、訓練のため浜松基地を離陸しました。

4機が密集編隊で離陸します。右端の1機がすばやくリーダー原田の後ろに入り込み、ダイヤモンド編隊を組みます。

5番機の藤原は、離れて、500メートル後方から離陸します。藤原機は、脚を上げるや、360度ロールに移りました。このロールは、バレル・ロール（樽《バレル》の周囲を沿うように飛ぶ360度横転）に近い飛行です。

ショーでは、ダイヤモンド編隊の4機が煙を吐き、煙の中からソロの1機が姿を現します。そして上昇しつつロールに移ります。この場合は練習ですから、煙はありません。

藤原機は、滑走路の端近くで背面になりました。そこから降下しつつ、さらに180度横転して正常姿勢に戻ります。これが正規の手順です。

しかし、このときは違いました。藤原機が背面になります。そこで無線が鳴って、指揮所（管制塔）の声が入りました。

「低い！　低い！」

城丸機の事故

3年前、同じ飛行で、城丸パイロットが殉職しました。

その当時は、5機が密集編隊のまま離陸しました。離陸後、右端の1機がすばやくリーダーの後ろに入ります。ここは同じです。一方左端の城丸機は、上方に上がって間合いをとり、ロールをうって編隊に入り込みます。

城丸機の場合、離陸後の上昇径路が浅かったようです。そのためロールして背面から降下する段階で、地面に近づきすぎました。機を引き起こすとき、機首を上げすぎたらしく、機体は失速して地面に激突、城丸は機体から投げ出されて死亡しました。

この事故により、原田が編隊長のころ、ソロの5番機は後ろに下がって離陸しました。藤原機が

５００メートル後方にいるのは、そのためです。

藤原機の場合も、上昇径路が浅かったのです。藤原によれば、

「いまでもよく覚えています。前日、1月8日に初練習がありました。風の強い日でした。そのため高く昇りすぎました。だからあの日は、抑え気味にしたんです。背面になったとき、低いと思いました」

背面から横《ロール》の回転が続きます。さらに１８０度横転して、正常姿勢に向かいます。この間機体は、螺旋軌道を描いて降下しています。

姿勢が回復するにつれ、藤原は悟ります。このままでは高度が低すぎ、地面との激突は避けられない。もっと操縦桿を引きたい。しかし、これをすれば失速する。城丸機の二の舞になる。

「突いた」

以下は藤原の生の声からの抜粋です。

「背面のとき、低いと思いました」

「機体が沈んでいく。（操縦桿を）引き続けました」

「（エンジンを）絞ってベリー・ランディング（胴体着陸）することが、一瞬頭を掠めました」

「瞬間、（操縦桿を）突きました」

「ダーン、ダーンという衝撃が2回ありました」

藤原機は二度地面に接触しますが、しぶとく宙に上がり、生還しました。

なぜ操縦桿を突いたか。この問いに、藤原は次のように答えています。

「体が覚えていた」

「体のどこからか指令が走った」

原田はこれを、「たいへんな勇気」と讃えます。「ああいうときは、10人が10人（操縦桿を）引っぱる」

藤原機の補助燃料タンク（両翼下にある）は、かろうじてぶら下がっている状態、胴体後部、ジェット・エンジン後部の排気管《テールコーン》は、3分の2に押し潰されていました。

藤原機が着陸するとき、編隊長原田は藤原機の上に舞い戻り、無事着陸するのを見届けました。

それから残る3機を集合させ、4機編隊でアクロバットの練習を1時間、みっちり続けました。

着陸後、全員近くの寿司屋に行き、日が暮れるまで、どんちゃん騒ぎで藤原の生還を祝しました。

この件は司令の耳に届き、原田はひどく叱責されました。

翌日、原田も藤原も、平常通り訓練に飛び立ちました。

ただしその後、この科目は廃止されました。

菱川暁夫

次は陸上自衛隊の飛行の例です。

菱川暁夫は取材時は、防衛庁技術研究本部のテスト・パイロット（陸上自衛隊三佐）でした。名パイロットかつ論客で、希有の体験の持ち主です。

菱川は、三菱重工が開発した双発ターボプロップ機ＬＲ１（ＭＵ２の陸上自衛隊仕様）に乗っていて、墜落しました。

菱川は、操縦していたのではありません。当時この機種への転換学生で、座席の一番後ろの右側に座っていました。搭乗者はパイロットを含め、６名でした。

着陸時、左エンジンが故障して、停止しました。パイロットは着陸復行《ゴー・アラウンド》（やり直し）しました。後の調査では、助かる道はただ一つ、そのまま胴体着陸することでした。操縦していたのは、「神様」とよばれる陸上自衛隊で最高の操縦教官でした。

着陸復行して、飛行機が左旋回を始めました。この段階で、菱川には墜落することがわかりました。

「右のパワーが入って、左エンジンが止まっております。そういう状況では、右旋回しなければいけない。右に旋回できなくて、左に左にどんどんとられていくような状況でした。それは（片発状態での）最小操縦速度を切ったということです」

飛行機は対地高度約150メートルで失速し、左スピン（きりもみ）に入りました。

「もう一度飛ぶけど、いいか」

菱川は、まずヘルメットの顎バンドをいっぱいに締めました。次に座席ベルトを締め直し、緩む状態がなくなるまで締め直しました。さらに（左スピンによる左からの衝撃を想定し）左手で座席の背を、右手で座席の下を、それぞれ抱え込みました。

最後に、左窓から地面の接近してくるのを見て、両足を開いて思いきり力を入れました。

「飛行機は最初、主翼が二階建ての家の屋根にぶつかり、主翼がはずれて空が見えました。空が見えたのか、とにかく非常に明るくなったんです。次の瞬間、真っ暗になりました」

気がつき、そこにいる者に、「ここはどこですか」、と尋ねます。

「そうしたら、『宇都宮の雀宮』という。私はそういうことを聞いたんじゃなくて、あの世なのか、この世なのか聞いたんです」

「気がついてからの痛みは、一呼吸、一呼吸が苦悶だったです」

「8ヵ月入院しておりまして、航空身体検査合格と同時に退院させてもらいました」

菱川が、ただ一人の生存者でした。

事故のあと、病院に担ぎ込まれて、15分か20分して夫人が来ます。以下は応急措置室での話です。

「そのとき、女房に言ったんです。『うろたえないで。子供の面倒をしっかり見なさい。もし僕の身体が治ったら、もう一度飛ぶけど、いいか』。そうしたら女房が、『いい』って言ったんですね。『よし、治るぞ』と思ったんですけど」

優れたセンサーをもつ人間

生還談の中には、瞬時の判断で機体や自身を救った例がいくつか含まれています。クルツ・シュローダーとフィリップ・オストリッカーのとっさの離陸や、藤原定治の操縦桿押しは、その典型です。

ある種のテスト・パイロットは、瞬時の間に、神技と思えるような正確な判断や操作を行います。彼らの精神状態に何か共通の要素はないのでしょうか。

この種の判断や操作は、俗なことばで言えば、「あがらない」精神状態で行われると推測されます。その結果として、あらゆる情報が正確に把握され、正しい判断や操作が行われると考えられます。

一般に「制御」は、「計測」にもとづいて行われます。計測は、正しいことが絶対に必要です。そして通常は、計測のほうが制御より難しいのです。

優れたパイロットは、この計測機能、センサー部分の性能が際だっているのではないでしょうか。

このような点に関しては、技量の優れたパイロットと武道の達人の間に、共通点があってもよいのではないでしょうか。両者とも、瞬時の判断と決断を必要とします。もし誤れば、どちらも命を失います。

凡人と達人の違い

名誉や生命のかかった勝負では、冷静な精神状態で、センサーを正確に作動させることが必須です。

これをいかに達成するかについては、いろいろな方法論があると思います。私がとくに興味を持っているのは、古来我が国の武道の達人といわれた人々の多くが、禅の修行を行っていることです。彼らのいう「無我」、「平常心」、「悟り」などという境地は、安定したセンサーの作動状態を表しているのでは、と私は考えています。

座禅を脳波の面から研究した平井富雄の研究（文献36）は、この点から見るとまことに興味深いです。

平井によれば、修行を積んだ座禅僧は、「座禅中の脳機能は、きわめてよい安定状態を一定の水準に保って、それ以上興奮したり、一方、それ以下に低下を示すことがない状態となる」

図9・7は、このことを示す実験結果の一例です。座禅中の脳波の外部刺激に対する応答を、一

般人と禅僧で比較したものです。縦軸は、音響の刺激（鈴の音）に対し、脳波が反応する時間、横軸は、15秒間隔で与えた刺激の回数です。

図に示すように、普通の人では3回か4回か刺激を与えられると、それに慣れてしまい、それ以後ほとんど反応しなくなってしまいます。すなわち、「音は正確に知覚されないままわからなくなってしまう」

これに対し、修行を積んだ人の反応は、「どんな些細な音で、しかも、単調な繰り返しであるに

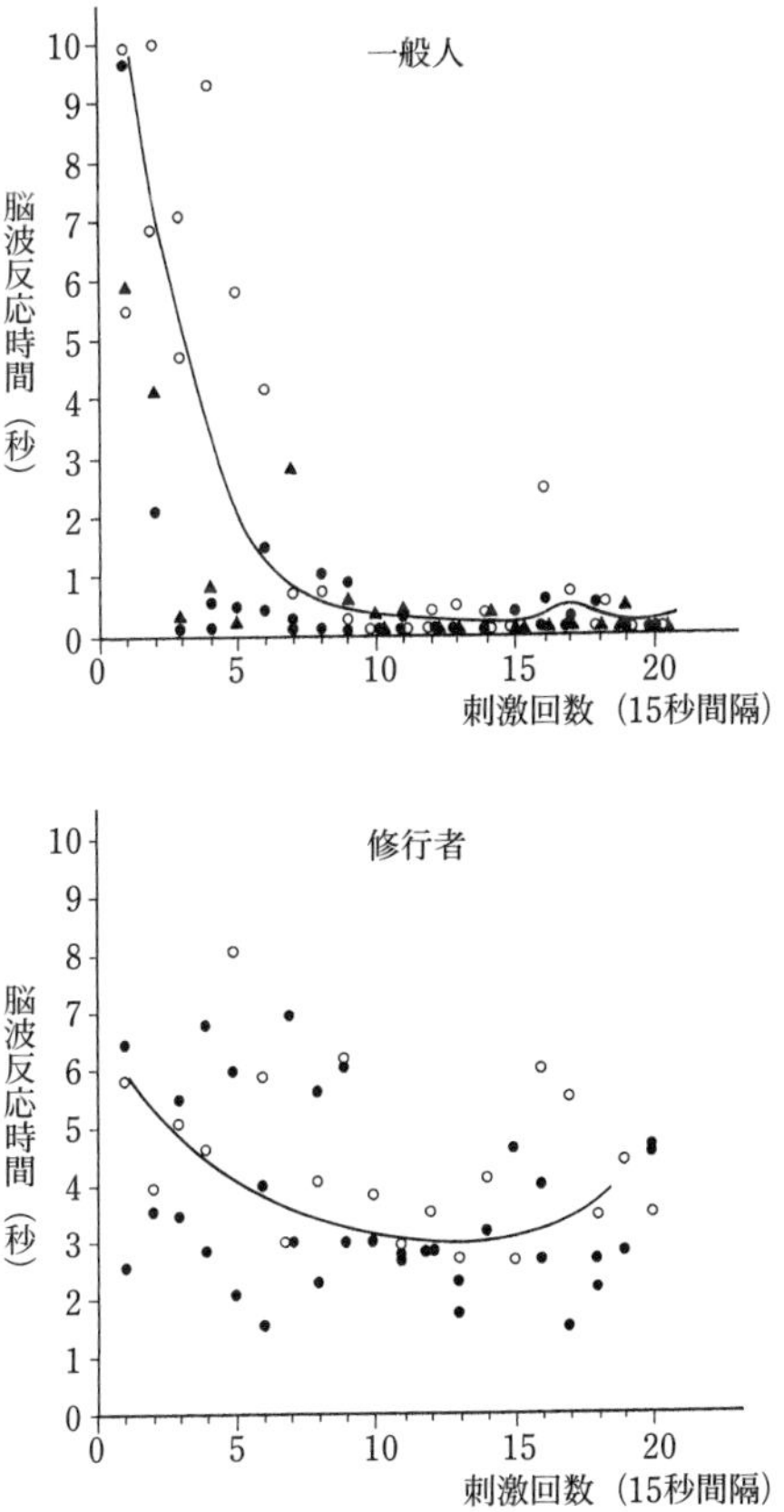

図 9.7　一般人と修行者の脳波の違い
一般人は 3 回か 4 回鉦を聞かされると，脳波が乱れなくなる．「もはやそういう人には，音は聞こえていない」（文献 36）．

もかかわらず、それが一つ一つ確実に知覚されている」

このような鋭敏な感覚の持続が、必ずしも武道だけに限らず、過度の緊張時には有利に働くのではないでしょうか。

そして数分もすると凡人には聞こえなくなる鉦の音が、何十分後にも同じように聞こえるようにするソフトこそ、第六感を含めた人間のセンサーに対する東洋流の、普遍的錬磨の方法ではないでしょうか。

浅川春男

私は大学を卒業して川崎重工入社後の一時期、剣道をやっていました。当時航空自衛隊岐阜基地の道場は、荒い稽古で有名でした。指導者は六段で、鬼のように強い方でした。あの面金ごしに見た目こそ、クルツ・シュローダーのそれでした。

もう一人、岐阜市双柳館道場の浅川春男も、鬼のように強い方でした。浅川は1956年（私の入社4年前）の、全日本剣道選手権のチャンピオンでした。当時川崎重工剣道部は、浅川の指導を受けていました。

私が不肖の弟子であったころ、浅川は岐阜農林高校を率い、国体日本一を5—0で制しました。浅川が高校生（腕前は四、五段クラス）に稽古をつける様は、まさに肌に粟を生ずる光景でした。

この浅川の掌は、女性のように柔らかでした。練習時以外は、春風のように優しい方でした。

悟りの境地

武道の極意や悟りの境地については、古来信頼できる資料や文献が非常に少ないです。ここでは熟達した座禅者であり、かつ剣道の達人であった勝海舟が、「悟りの境地」として語った一文を示したいと思います。

最初のグラマン訪問で、トム・カバノーを勝海舟に結びつけたのは、勝の次の一文でした（文献37）。

「ここにひとつおもしろい話がある。白隠という一人の禅僧があった。これは近代の聖僧である。この和尚の寺の門前に、一軒のとうふ屋があった。そのうちの娘が、ふと妊娠した。両親はいたく驚き詰責すると、娘が実はお寺の上人さんと云々して、はらんだと白状した。

そこで両親も大いに喜び、ご上人様のおたねであるならと、産み落とさせ、大切に育て上げた。二、三年たつとかの娘が、実にすまないと考えついて実をはいた。そこでその子供が白隠のたねではないということがわかった。ゆえに両親も大いに驚き、直ちに寺に至り白隠に向かい、前後の始末を話し、大いにあやまる。すると白隠は、『はあ、そうか』と一言いったばかりであった。

『はあ、そうか』

なかなか大きなものだ。天下のこと、すべて春風の面を払って去るごとき心境、この度胸あって始めて天下の大局にあたることができる」

緊急事態を生きのびる方法は、決して一つではないと思います。しかし少なくとも「春風の面を払って去るごとき心境」は、その一つではないかと私は考えています。

残心

1988年12月、『生還への飛行』の脱稿直前、私は20年ぶりに岐阜に浅川を訪ねました。剣道の極意と飛行の極意の関連を確かめたい。そう思っての訪問でした。

範士八段69歳の浅川は、やはりにこやかで、全く変わっていませんでした。まだ現役で、4道場400名の子供たちを指導していました。

浅川は、「この年になって残心の意味を悟った」、といいました。残心とは、浅川によれば、「打ったあとを確認し、油断することなく、次の敵に備えるもの」、です。

その6年前、浅川は宮崎へ指導に行きました。七段52歳の指導者と立ち会ったときのこと。ちなみにこの年齢と段位は、剣道では脂が乗りきった時代を意味します。対する浅川は63歳でした。

相手の右小手（肘と手首の間）が「がら空き」でした。浅川の得意は小手打ちです。浅川の小手は、電光のように速いです。浅川は、飛び込んで打ちました。

しかし、相手の小手は、消えていました。

のちにわかることですが、これは相手の得意技でした。いわゆる「小手抜き面」、小手に誘い、打ってくるのをかわして、面を打つ。相手は、待ちかまえていたのです。

しかしこの瞬間、浅川の竹刀は左に返り、「気づいたときには、相手の胴をはっしと打っていた」

全く無意識の動作だったそうです。

直後、「体の中からほとばしるもの」あり、

「これが残心だー！」

と叫びました。

無心

このとき浅川は、「無心」についても話しました。

無心とは、「何も考えないこと」、「雑念のないこと」。転じて、武道の上級者が目指す境地の一つです。

浅川はいいました。

「無心とは、一つのことに夢中になることである」。すると次第に、「周辺のことも、すべて見え

てくる」

従来の解釈とは、一見逆です。しかし、説くところは同じです。わかりやすく、説得力があります。

いかがでしょうか。

クルツ・シュローダーはとっさの離陸を、「本能《インスティンクト》」といいました。藤原定治は瞬間の操縦桿突きを、「体のどこからか指令が走った」といいました。これらは浅川の残心——無意識の胴打ち——と、同じものではないでしょうか。

同様に、トム・カバノーの心持《こころもち》、勝海舟の悟りの境地、浅川の無心。みな、同じものではないでしょうか。

さらにいえば、チャック・イエーガーに代表されるような希代の名手たち。彼らも座禅の達人同様の、劣化しない感覚の持ち主なのではないでしょうか。

それは「一つのことに夢中になり」、「周辺のことがすべて見えてくる」結果ではないでしょうか。

「好きで長く楽しむ」

1992年、『生還への飛行』が講談社文庫に入りました。世界一周の旅に出てから、5年経過していました。時間が経つと、細部の印象が薄れます。このとき「文庫版あとがき」で、私は飛行の名人に共通する一点を、次のように要約しました。

「彼らは飛ぶことが好きで好きでしょうがない。彼らは一生かけて、飛行を楽しんでいる」

その後、講義や講演で私はこの部分を、次のように話すようになりました。

「彼らは一生かけて仕事を楽しんでいる。必ずしも刻苦精励努力しているわけではない。好きで楽しんでいるからこそ、長続きし、上達する」

1996年、私は大学を定年になり、日本学術振興会に理事として採用されました。そこは文部省（当時）の外郭団体で、日本の第一級の学者、研究者が、常時姿を見せました。

むくむくと、好奇心が頭をもたげてきました。飛行の名人たちに共通するのは、「好きで長く楽しむ」「刻苦精励努力しない」でした。はたしてこれが、学問の世界で成り立つか。結果は『知の頂点』（文献38）として出版されました。

私は「特に颯爽とした」9人を選び、インタビューしました。異を唱えたのは、2人だけでした。残る7名は、「好きなことを楽しんでいる」、と答えました。

「真に優秀な人間は刻苦精励努力していない」。この仮説は、飛行機乗りの世界だけでなく、さまざまな分野で、かなりの確度で成り立つのではないかと思います。

ただし、「好きなことを長く楽しむ」ことは、一見やさしそうで、誰にでもできることではないように思います。この「好きであり続けること」、これこそが才能、これこそが資質、と私は考えます。

これが、多くの優秀な飛行機乗りを尋ね歩いた、私の結論です。

おわりに

私は長い間、腕の良い飛行機乗りを追いかけてきました。しかし彼らの中の何人かについて、どうしてもわからない一点がありました。

それは、際立って腕の良い、私が心から尊敬する飛行の名人たちの何人かが、ときに際立つ危険を回避しないことでした。チャック・イエーガーは、その典型的な一人です。

もう一人挙げれば、ロッキードのトニー・レビエル。テスト飛行が最も危険であったころの、アメリカを代表するテスト・パイロットです。史上初の実用超音速戦闘機F－104の初飛行が、このレビエルです。

レビエルは16機種を初飛行させました。1974年に引退するまで、101回の事故に遭い、そのうち8回の墜落を生き延びました。

彼らがなぜ危険を繰り返すのか。その答を私は、大学を定年後に採用された日本学術振興会の会議中に見つけました。

かつて私は、飛行機乗りになりたいと考えていました。大学を卒業するころまで、テスト・パイロットになれなければ、死んだ方がよいと考えていました。それなのにいつの間にか、書くことを不満と思わなくなっていました。なぜなのか。会議の間に、その答に思い当たりました。

昔々、パイロットは危険な職業でした。テスト・パイロットは、優秀な者から死んでいきました。だから昔は、生き延びることが、至上の課題でした。私は、そこに憧れていました。

一方私は、売れない本を書き続けていました。大学定年後は、フィクションを書きたいなどと、大それた野望を抱いてきました。

本は、書かせてもらうのが難しい世界でした。書き続けたのは、書き手として、生き延びる面白さに取り憑かれていたためでした。

そう気づいた瞬間、私は、かつて憧れたテスト・パイロットと同じ世界に住んでいる、ということに気づきました。共通点は、「生き延びる」ことです。

これが切っ掛けで、長い間私の心を悩ませていた疑問の答が、わかりました。答は、実に簡単なことでした。

彼らは、それが好きなのです。いい換えれば、危険を犯し、それを生き延びる面白さに取り憑かれているのです。私は、そう確信しました。

私も、同じ思いでこの本を書きました。私はこの本で、生き延びることができれば、と念じています。

引用文献

1 C. D. Perkins and R. E. Hage, *Airplane Performance, Stability and Control*, John Wiley & Sons, Inc., 1949.

2 山森喜進編『よく飛ぶバルプレーン』（誠文堂新光社）１９７４年10月１０５〜１０７ページ

3 加藤寛一郎著「模型飛行機の水平尾翼面積と滞空性能」（「日本航空宇宙学会誌」第40巻第４６１号）１９９２年６月号３３８〜３４５ページ

4 木村秀政校閲・森照茂著『模型飛行機』（電波実験社）１９７９年３３０ページ

5 加藤寛一郎ほか著『航空機力学入門』（東京大学出版会）１９８２年

6 吉良幸世・叶内拓哉著『鳥・空をとぶ、カラー版自然と科学24』（岩崎書店）１９８２年

7 白井成樹著『飛行機』（クレオ）２０００年

8 *The Lore of Flight*, Cresent Books, 1978.

9 日本機械学会編『写真集流れ』（丸善）１９８４年11ページ、16ページ、70ページ、79ページ

10 ダン・ブラウン著、越前敏弥訳『デセプション・ポイント』（角川書房）２００５年

11 アッシャー・H・シャピロ著、今井功訳『流れの科学』（河出書房新社）１９７７年１８１ページ

12 高野暲著『流体力学』（岩波書店）１９７５年75ページ、77ページ

13 Rabindra D. Mehta, Aerodynamics of Sports Balls, *Annual Review of Fluid Mechanics*, Vol. 17, 1985, Annual Review Inc.

14 L. J. Briggs, Effect of Spin and Speed on the Lateral Deflection of a Baseball; and the Magnus Effect for Smooth Spheres, *Am. J. Phys.* **27**, 1959.

15 R. G. Watts and E. Sawyer, Aerodynamics of a Knuckleball, *Am. J. Phys.* **43**, 1975.

16 I. H. Abbott and A. E. Doenhoff, *Theory of Wing Sections*, Dover Publications, Inc., 1949, p. 462.

17 D. Althaun, *Profilpolaren Fur Den Modellflug, Band 1*, Neckar-Verlag, 1980, p. 63, p. 116 and pp. 161–163.
18 山根隆志著「ヘリコプタ・ロータ・インピーダンスに関する研究」（「東京大学工学部航空学科学位論文」）１９８０年１月
19 高野博行著「最適制御における状態量不等式拘束に関する研究」（「東京大学工学部航空学科学位論文」）１９９０年１月
20 稲田喜信著「トビウオの滑空行動についての研究」（「東京大学工学部航空学科修士論文」）１９９０年３月
21 加藤寛一郎著『墜落、第十巻 人間のミス』（講談社）２００２年１５４ページ
22 加藤寛一郎・柄沢研治著「亜音速動安定と機体重量の関係についての一覚書」（「日本航空宇宙学会誌」第38巻第４３８号）１９９０年７月
23 佐貫亦男著『進化の設計』（朝日新聞社）１９８２年２月
24 波多野洋著「模型滑空機の飛行制御に関する研究」（「東京大学工学部航空学科修士論文」）１９９０年３月
25 R. K. Heffley and W. F. Jewell, Aircraft Handling Qualities Data, *NASA CR-2144*, Dec. 1972, p. 72.
26 坂井三郎著『大空のサムライ』（光人社）１９６７年、３５１〜３５４ページ
27 Rolls Royce, *The Jet Engine*, Rolls Royce Limited, 1969.
28 加藤寛一郎・今永勇生著『ヘリコプター入門』（東京大学出版会）１９８５年
29 森敦著「文壇意外史（星霜移り、人は去り、40年流離の記⑥」『週刊朝日、１９７４年３月22日号』（朝日新聞社）
30 加藤寛一郎著『飛行のはなし』（技報堂出版）１９８６年
31 加藤寛一郎著『生還への飛行』（講談社）１９８９年
32 加藤寛一郎著『零戦の秘術』（講談社）１９９１年
33 加藤寛一郎著『飛行の神髄』（講談社）１９９３年
34 加藤寛一郎著『大空の覇者ドゥリットル上下』（講談社）２００４年
35 加藤寛一郎著『超音速飛行』（大和書房）２００５年

36　平井富雄著『座禅の科学』（ブルー・バックス、講談社）１９８２年
37　勝海舟・勝部真長編『氷川清話』（角川文庫、角川書房）１９７２年４月、１９９ページ
38　加藤寛一郎著『知の頂点』（講談社）１９９８年

事項索引

航空機名索引（数字は主な参照ページ）

記号索引（数字は主な参照ページ）

α 迎角 42、86、122、123
β 横すべり角 42、47
ε 吹き下ろし角 141
γ 経路角 96、98、123
ν 動粘性係数 59、吹き下ろし 159
ρ 空気密度 54、86
A 縦横比、アスペクト・レシオ 140
a 音速 60
b 翼幅 140
c 平均空力翼弦、代表的翼弦 23、35
C_L 揚力係数 54
C_l 二次元揚力係数 88、92、93
C_D 抗力（抵抗）係数 54
D 抗力、抵抗 54、98
e 飛行機効率 143
g 重力加速度 80、149
h 重心位置 23、122
h_W 主翼空力中心位置 23、122
h_n 全機空力中心位置 23
i_t 水平尾翼取付け角 122

L 揚力 54、98
l 主翼尾翼空力中心間距離 23、122、代表的大きさ（長さ） 59
M マッハ数 60
R_e レイノルズ数 59、84
S 翼面積 24、140
U 飛行速度 54、一様流速度 59
V_h 水平尾翼容積 26
W 機体重量 98
X、Y、Z 基準軸 42
$(\ )_i$ 誘導抵抗を表す添字 143
$(\ )_t$ 水平尾翼を表す添字 23
$(\ )_w$ 主翼を表す添字 23
$(\ )_o$ 有害抵抗を表す添字 143

加藤寛一郎
1935年，東京都に生まれる．1960年，東京大学工学部航空学科卒業，川崎重工業入社．アメリカ・ボーイング社を経て，1971年，東京大学工学部航空学科助教授，1979年，同学科教授，1996年，同大学名誉教授．1996–2001年，日本学術振興会理事．2004–2010年，防衛省技術研究本部技術顧問．工学博士．
著書には『航空機力学入門』『ヘリコプター入門』（いずれも共著，以上，東京大学出版会），『超音速飛行』『まさかの墜落』（以上，大和書房），『墜落』（全10巻）『飛ぶ！』『大空の覇者ドゥリットル』上・下（以上，講談社），『一日一食 断食減量道』（講談社＋α新書），『墜落』『エアバスの真実』『壊れた尾翼』『航空機事故 次は何が起こる』（以上，講談社＋α文庫）などがある．

飛ぶ力学

2012年12月18日　初　版
2018年 3 月 5 日　第4刷

［検印廃止］

著　者　加藤寛一郎《かとうかんいちろう》

発行所　一般財団法人　東京大学出版会
代表者　吉見俊哉
153-0041 東京都目黒区駒場 4-5-29
電話　03-6407-1069　Fax 03-6407-1991
振替　00160-6-59964

印刷所　株式会社理想社
製本所　牧製本印刷株式会社

ISBN 978-4-13-063812-8　Printed in Japan